Progress in Mathematics
Vol. 47

Edited by
J. Coates and
S. Helgason

Birkhäuser
Boston · Basel · Stuttgart

John Tate

Les Conjectures de Stark sur les Fonctions L d'Artin en $s=0$

Notes d'un cours à Orsay rédigées par

Dominique Bernardi et
Norbert Schappacher

1984

Birkhäuser
Boston • Basel • Stuttgart

Author:

John Tate
Department of Mathematics
Harvard University
Cambridge, MA 02138

Library of Congress Cataloging in Publication Data

Tate, John Torrence, 1925-
Les conjectures de Stark sur les fonctions L d'Artin en $s=0$.

(Progress in mathematics ; vol. 47)
Bibliography: p.
1. Stark's conjectures. 2. L-functions. 3. Series, Taylor's. I. Bernardi, Dominique. II. Schappacher, Norbert. III. Title. IV. Series: Progress in mathematics (Boston, Mass.) ; vol. 47.
QA246.T28 1984 512'.73 84-7029
ISBN 0-8176-3188-7

CIP-Kurztitelaufnahme der Deutschen Bibliothek

Tate, John:
Les conjectures de Stark sur les fonctions L d'Artin en $s=0$: notes d'un cours à Orsay / John Tate. Rédigées par Dominique Bernardi et Norbert Schappacher. - Boston ; Basel ; Stuttgart : Birkhäuser, 1984.

(Progress in mathematics ; Vol. 47)
ISBN 0-7643-3188-7 (Basel ...)
ISBN 3-8176-3188-7 (Boston ...)

NE: GT

ISBN 0-8176-3188-7
ISBN 3-7643-3188-7
Printed in USA
9 8 7 6 5 4 3 2 1

INTRODUCTION

Le texte publié ici est la rédaction par D. Bernardi et N. Schappacher d'un cours sur les conjectures de Stark donné à l'Université de Paris-Sud (Orsay) au premier semestre de l'année 1980/81.

Le chapitre 0 sert de référence: on s'y reportera au fur et à mesure des besoins. On commence, au chapitre I, par ce que j'appelle la conjecture principale de Stark: celle-ci dit que le rapport entre le premier terme du développement en $s = 0$ d'une fonction $L(s, \chi, K/k)$ d'Artin et un certain "régulateur" $R(\chi)$ se comporte comme une fonction "définie sur $\mathbb{Q}$" du caractère χ. Une démonstration de cette conjecture dans le cas d'un caractère rationnel est donnée au chapitre II, ainsi qu'une esquisse des travaux de T. Chinburg sur un nouvel invariant, donnant de nouveaux développements des idées sous-jacentes à cette démonstratration. Au chapitre III, on étudie de plus près le cas particulier d'une fonction $L(s, \chi, K/k)$ dont l'ordre en $s = 0$ est 1. Dans ce cas, la conjecture principale implique l'existence de certaines unités dans K, les "unités de Stark". Pour $k = \mathbb{Q}$ et χ irreductible avec $\chi(1) = 2$, il y a un lien avec les formes modulaires de poids 1.

Ces conjectures sont énoncées pour les fonctions L dont le produit Eulérien est sur les places $v \in S$, et pour les groupes des S-unités, où S est un ensemble fini arbitraire de places de k contenant les places archimédiennes. En fait, la vérité de la conjecture principale est indépendante du choix de S. Par contre, dans le cas d'une extension abélienne K/k, Stark a donné un raffinement de cette conjecture pour les caractères χ tels que $L(s, \chi)$ ait un zéro d'ordre 1 en $s = 0$, en supposant que S contient les places ramifiées dans K, et aussi une place v qui se décompose totalement. Ce raffinement, désigné par $St(K/k,S)$, est étudié au chapitre IV. Lorsque k a une seule place archimédienne, $St(K/k,S)$ est démontré, les unités de Stark étant les unités cyclotomiques ou elliptiques. Ce cas ainsi que des cas où les caractères χ sont quadratiques, où bien que K soit abélien sur $\mathbb{Q}$, prouvé recemment par J. W. Sands (voir 6.9), sont les seuls où $St(K/k,S)$ soit démontré. Dans d'autres cas, cette conjecture est corroborée par de remarquables calculs sur machine, dus à Stark et a Shintani. La conjecture $St(K/k,S)$ apporte une contribution conjecturale totalement inattendue au 12e problème de Hilbert: elle donne (si elle est vraie) un moyen systématique d'engendrer des extensions abéliennes par des valeurs de fonctions analytiques, à savoir, les unités de Stark.

Si l'on considère le cas où la place $v \in S$ qui se décompose est non archimédienne, on se rend compte que la conjonction des conjectures $St(K/k,S)$, avec $S = T \cup \{v\}$, pour v décrivant toutes les places décomposées dans K/k, équivaut à une conjecture $BS(K/k,T)$, appellée "conjecture de Brumer-Stark", qui généralise le classique théorème de Stickelberger.

Bien que l'analogue de la conjecture principale de Stark soit triviale pour les corps de fonctions, son raffinement dans le cas abélien, c'est-à-dire $BS(K/k,T)$, ne l'est pas du tout, comme l'a remarqué B. Mazur. Les premiers exemples pour lesquels on pouvait le vérifier ont été fournis par le travail de Galovitch et Rosen, [GR 1], [GR 2], sur l'analogue des unités cyclotomiques dans la théorie de Carlitz des extensions abéliennes de $F(X)$. Le cas général a été traité par P. Deligne. Sa démonstration est exposée au chapitre V. Depuis, D. Hayes, [H1], [H 2], [H 3], a donné une démonstration différente, en généralisant le travail de Galovitch et Rosen aux extensions abéliennes quelconques grâce aux modules de Drinfeld de rang 1.

Dans le dernier chapitre, nous discutons des conjectures p-adiques analogues à celles de Stark sur $\mathbb{C}$. Il y en a deux: la première, due à B. Gross [Gro], au point $s = 0$; la seconde, due à J.-P. Serre, au point $s = 1$. A la difference du cas complex, ces deux conjectures semblent independants, les fonctions L d'Artin n'ayant pas d'équation fonctionelle connue.

Bien que certains aspects n'aient pas été traités - par exemple les méthodes de calcul numérique des valeurs spéciales des fonctions L pour tester la conjecture comme dans l'exemple du Chapitre IV, §4, et aussi, le point de vu de Lichtenbaum et Bienenfeld, [Bi], [Lic] - j'éspère que ces notes seront utiles en tant qu'introduction aux conjectures de Stark.

Je voudrais remercier le Département de Mathématiques de l'Université de Paris-Sud (Orsay), en particulier J. Coates, G. Poitou, et M. Raynaud, de m'avoir donné l'occasion de faire ce cours. Je suis aussi très reconnaissant pour l'hospitalité de l' I.H.E.S. pendant cette période. Mais cet ouvrage n'aurait jamais paru sans le grand travail de rédaction fait avec soin par D. Bernardi et N. Schappacher. Je tiens surtout à les en remercier, ainsi que Mme. Bonnardel pour la perfection de la frappe du manuscrit.

J. Tate
Cambridge, 14/2/84

TABLE DES MATIÈRES

pages

CHAPITRE O : FONCTIONS L D'ARTIN

§0 Places et valeurs absolues 6
§1 Fonctions zêta 7
§2 Fonctions L abéliennes 8
§3 Représentations linéaires des groupes finis 12
§4 Définition et premières propriétés des fonctions L d'Artin 14
§5 Théorème de Brauer et conjecture d'Artin 16
§6 Équation fonctionnelle 17

CHAPITRE I : LA CONJECTURE PRINCIPALE DE STARK

§1 Rappels 21
§2 Les fonctions $\zeta_{k,S}$ 22
§3 Fonctions L 23
§4 Régulateur de Stark 25
§5 Conjecture principale de Stark 27
§6 Changement de l'isomorphisme f 28
§7 Réduction au cas abélien et indépendance de S 30
§8 Reformulation en $s = 1$ 33
§9 Du côté de chez Stark 39

CHAPITRE II : CARACTÈRES A VALEURS RATIONNELLES

§1 Méthodes élémentaires 44
§2 Un exemple 47
§3 Rappels sur la cohomologie des groupes finis 51
§4 Les théorèmes de Nakayama et Swan 53
§5 La cohomologie de U 54
§6 La catégorie $\mathcal{M}$ 57
§7 La conjecture de Stark pour les caractères à valeurs rationnelles 62
§8 L'invariant de Chinburg 65

CHAPITRE III : LES CAS $r(\chi)=0$ et $r(\chi)=1$

§1 Le cas $r(\chi)=0$ 70
§2 Le cas $r(\chi)=1$ 73
§3 Unités de Stark 75
§4 Représentations attachées à des formes modulaires 77
§5 Un exemple cyclotomique 79

CHAPITRE IV : LA CONJECTURE PLUS FINE DANS LE CAS ABÉLIEN

§1 Notations 82
§2 Énoncé de la conjecture St(K/k,S) 89
§3 Dépendance de la conjecture en S et en K .. 91
§4 Une confirmation numérique 98
§5 Groupes de décomposition d'ordre 2 102
§6 La conjecture de Brumer-Stark 106

CHAPITRE V : LE CAS DES CORPS DE FONCTIONS

§1 L'énoncé 111
§2 La situation géométrique 114
§3 1-motifs 122
§4 Fin de la démonstration de 1.2 125

CHAPITRE VI : ANALOGUES p-ADIQUES DES CONJECTURES DE STARK

§1 Valeurs absolues à valeurs p-adiques 127
§2 Fonctions L p-adiques 130
§3 Étude en $s=0$ 131
§4 La conjecture plus fine p-adique 134
§5 Étude en $s=1$ 136

BIBLIOGRAPHIE 139

CHAPITRE 0 : FONCTIONS L D'ARTIN

<u>Le lecteur est invité à ne consulter ce chapitre qu'au fur et à mesure des besoins</u>. On y fixe quelques notations et rappelle surtout - après la discussion de certains cas particuliers - une partie du formalisme général des fonctions L d'Artin.

§0. PLACES ET VALEURS ABSOLUES

<u>Références</u> : [CF], ch. II ; [WBN], I-III.

0.0 Soit k un corps global (i.e., une extension finie de $\mathbb{Q}$ ou d'un $\mathbb{F}_q(t)$). Notons $v, v', \ldots$ des places (classes d'équivalence de valeurs absolues non-triviales) de k. Si $k \supset \mathbb{Q}$, nous utilisons aussi les lettres gothiques $\mathfrak{p}, \mathfrak{q}, \ldots$; mais elles sont réservées aux places finies (non archimédiennes) que nous ne distinguerons d'ailleurs pas des idéaux premiers de l'anneau des entiers de k. Etant donnée une extension finie K/k, on note souvent $w, w', \ldots$ des places de K prolongeant $v, v', \ldots$. Avec les lettres gothiques, au contraire, on passe aux majuscules : $\mathfrak{P}$ sera une place de K divisant $\mathfrak{p}$.

0.1 Les corps locaux complétés sont notés k_v, K_w, $k_\mathfrak{p}$, $K_\mathfrak{P}$, ... ; et leurs anneaux de valuation : $\mathcal{O}_v$, $\mathcal{O}_w$, $\mathcal{O}_\mathfrak{p}$, $\mathcal{O}_\mathfrak{P}$, ..., s'il s'agit de places non-archimédiennes. Si w est une place de K prolongeant v, le degré $[K_w:k_v]$ est noté $[w:v]$.

Si S est un ensemble fini de places du corps de nombres k, contenant toutes les places archimédiennes de k, on définit

$\mathfrak{O}_S = \{x \in k : x \in \mathfrak{O}_{\mathfrak{p}}$, pour toute place $\mathfrak{p}$ de k avec $\mathfrak{p} \notin S\}$ l'anneau de Dedekind obtenu à partir de l'anneau des entiers $\mathfrak{O}_k$ de k en rendant inversibles tous les idéaux premiers appartenant à S .

0.2 On écrit simplement $|\ |_v$, $|\ |_w$, $|\ |_{\mathfrak{p}}$, $|\ |_{\mathfrak{P}}$, ... les <u>valeurs absolues normalisées</u> attachées aux places indiquées. Si $x \in k^*$, on a donc $\mu(xU) = |x|_v \mu(U)$, pour tout ensemble compact d'intérieur non vide U de k_v et tout choix d'une mesure de Haar μ sur le groupe additif de k_v. Plus explicitement, si $k_v \cong \mathbb{R}$, $|\ |_v$ est la valeur absolue usuelle ; si $k_v \cong \mathbb{C}$, on obtient le carré de la valeur absolue ordinaire : $|x|_v = x\bar{x}$; enfin, si v est discrète d'uniformisante π et que Nv désigne le cardinal du corps résiduel de v , alors $|\pi|_v = Nv^{-1}$. Rappelons que, avec ces normalisations, la formule du produit dit que, pour tout $x \in k^*$, on a $\prod_v |x|_v = 1$, le produit étant pris sur toutes les places de k .

§1. FONCTIONS ZÊTA

<u>Références</u> : Les articles de Serre et de Tate dans [AAG].

Soit A un anneau de type fini sur $\mathbb{Z}$:

$$A = \mathbb{Z}[X_1,\ldots,X_n]/\mathfrak{a} ,$$

$\mathfrak{a}$ étant un idéal de $\mathbb{Z}[X]$. On note $\operatorname{Max} A$ l'ensemble des idéaux maximaux de A (points fermés de $\operatorname{Spec} A$). Pour $\mathfrak{p} \in \operatorname{Max} A$, l'indice $[A:\mathfrak{p}] = N\mathfrak{p}$ est fini. On définit <u>la fonction zêta attachée à</u> A par le produit eulérien

1.1 $$\zeta_A(s) = \prod_{\mathfrak{p} \in \operatorname{Max} A} (1-N\mathfrak{p}^{-s})^{-1} , \text{ pour } \operatorname{Re}(s) > \dim A ,$$

où $\dim A$ est la dimension de Krull de l'anneau A . La convergence de 1.1 se démontre par réduction au cas de la fonction $\zeta_{\mathbb{Z}} = \zeta$ de Riemann.

Le produit 1.1 se développe en une série de Dirichlet $\sum_n a_n n^{-s}$, à coefficients entiers, car le nombre des $\mathfrak{p} \in \operatorname{Max} A$ ayant une norme $N\mathfrak{p}$ donnée est fini.

Si A est un <u>anneau de Dedekind</u>, on obtient

1.2 $\zeta_A(s) = \sum_{\mathfrak{a}} N\mathfrak{a}^{-s}$, pour $\mathrm{Re}(s) > 1$, la somme étant prise sur tous les idéaux (entiers et non-nuls) de A .

1.3 On conjecture que $\zeta_A(s)$ peut toujours être prolongée analytiquement en une fonction méromorphe dans tout le plan complexe. Ceci est démontré, si $\dim A = 1$. En toute généralité, on sait démontrer le prolongement analytique au demi-plan $\mathrm{Re}(s) > \dim A - \frac{1}{2}$. Si A est intègre, le point $s = \dim A$ est un pôle simple de $\zeta_A(s)$.

1.4 Les anneaux auxquels nous aurons affaire sont surtout les $\mathcal{O}_S$ de 0.1 : si k est un corps de nombres et S un ensemble fini de places de k contenant l'ensemble S_∞ des places à l'infini de k , alors $\zeta_k(s) = \zeta_{\mathcal{O}_k}(s) = \zeta_{\mathcal{O}_{S_\infty}}(s)$ est <u>la fonction zêta de Dedekind de</u> k . On va souvent passer de S_∞ à un S éventuellement plus grand et étudier la fonction

$$\zeta_{k,S}(s) = \zeta_{\mathcal{O}_S}(s) = \prod_{\mathfrak{p}\in S\setminus S_\infty} (1-N\mathfrak{p}^{-s}).\zeta_k(s) = \sum_{(\mathfrak{a},S)=1} N\mathfrak{a}^{-s} .$$

Pour <u>l'équation fonctionnelle de</u> ζ_k , nous renvoyons à [WBN], VII-6. Voir aussi le §6 plus loin.

§2. FONCTIONS L ABÉLIENNES

<u>Références</u> : [CF], ch. VIII ; [WBN], VII-7 ; ainsi que [LAN], ch. X, XI et [Neu], III-9 , pour 2.6.

2.1 Soit k un corps de nombres. Pour une fonction multiplicative χ sur les idéaux de l'anneau $\mathcal{O}_k$ des entiers de k , à valeurs dans $\mathbb{C}$, on pose formellement

$$L(s,\chi) = \prod_{\mathfrak{p}} (1-\chi(\mathfrak{p})N\mathfrak{p}^{-s})^{-1} = \sum_{\mathfrak{a}\neq 0} \chi(\mathfrak{a})N\mathfrak{a}^{-s} ,$$

le produit étant pris sur tous les idéaux premiers (toutes les places finies) de k et la somme sur tous les idéaux entiers non nuls de k . Si χ satisfait à la condition de croissance $\chi(\mathfrak{a}) = O(N\mathfrak{a}^{\sigma})$, pour $\sigma \in \mathbb{R}$, alors $L(s,\chi)$ converge pour $\mathrm{Re}(s) > 1+\sigma$.

2.2 Pour $k = \mathbb{Q}$, on a comme exemple type les <u>caractères de Dirichlet</u>, i.e., les homomorphismes $(\mathbb{Z}/f\mathbb{Z})^* \longrightarrow \mathbb{C}^*$, pour un entier $f \geq 2$, prolongés par 0 aux entiers rationnels non premiers à f (cf. [WBN], App. V, §1). Pour k arbitraire, fixons un idéal entier $\mathfrak{f}$ de k et considérons la suite exacte

$$0 \longrightarrow \mathcal{O}_{\mathfrak{f}}^* \longrightarrow k_{\mathfrak{f}}^* \longrightarrow \mathfrak{I}_{\mathfrak{f}} \longrightarrow \mathcal{C}_{\mathfrak{f}} \longrightarrow 0 ,$$

où $\mathcal{O}_{\mathfrak{f}}^*$ (resp. $k_{\mathfrak{f}}^*$) désigne le sous-groupe des éléments de $\mathcal{O}_k^*$ (resp. k^*) congrus (multiplicativement) à 1 mod $\mathfrak{f}$; $\mathfrak{I}_{\mathfrak{f}}$ désigne le groupe des idéaux (fractionnaires) de k premiers à $\mathfrak{f}$, et $\mathcal{C}_{\mathfrak{f}}$ le groupe quotient de $\mathfrak{I}_{\mathfrak{f}}$ modulo les idéaux engendrés par les éléments de $k_{\mathfrak{f}}^*$. On veut définir des caractères de $\mathfrak{I}_{\mathfrak{f}}$ en partant de $\mathcal{C}_{\mathfrak{f}}$. Mais dans le cas $k = \mathbb{Q}$, on trouve $\mathcal{C}_{\mathfrak{f}} \cong (\mathbb{Z}/f\mathbb{Z})^*/\{\pm 1\}$, ce qui ne correspond pas tout à fait au groupe de départ des caractères de Dirichlet. On est donc amené à tenir compte d'éventuelles conditions de signe : soit T un ensemble de places réelles de k. On écrit $k_{\mathfrak{f}T}^*$ (resp. $\mathcal{O}_{\mathfrak{f}T}^*$) l'ensemble des éléments de $k_{\mathfrak{f}}^*$ (resp. $\mathcal{O}_{\mathfrak{f}}^*$) positifs en toutes les places de T, et $\mathcal{C}_{\mathfrak{f}T}$ désigne le quotient de $\mathfrak{I}_{\mathfrak{f}}$ par l'image de $k_{\mathfrak{f}T}^*$. C'est un groupe fini. En somme, on a le diagramme commutatif suivant dont les lignes et colonnes sont exactes :

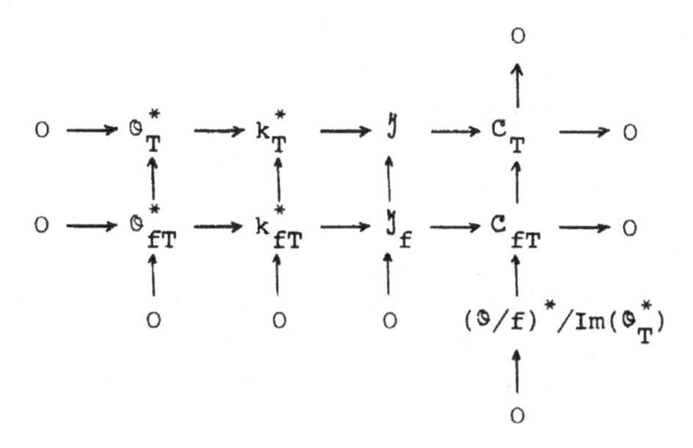

Un homomorphisme $\chi : C_{fT} \longrightarrow \mathbb{C}^*$ se lit sur $\mathfrak{I}$ en posant $\chi(\mathfrak{a}) = 0$ pour chaque idéal $\mathfrak{a}$ non premier à f . On a donc

$$L(s,\chi) = \prod_{\mathfrak{p} \nmid f} (1-\chi(\mathfrak{p})N\mathfrak{p}^{-s})^{-1} .$$

Ceci converge pour $\mathrm{Re}(s) > 1$.

2.3 On dit que $\chi : C_{fT} \longrightarrow \mathbb{C}^*$ est <u>primitif</u> (ou que fT est le <u>conducteur</u> de χ), si, pour tout $f' | f$ et $T' \subset T$, l'existence d'un χ' rendant commutatif le diagramme

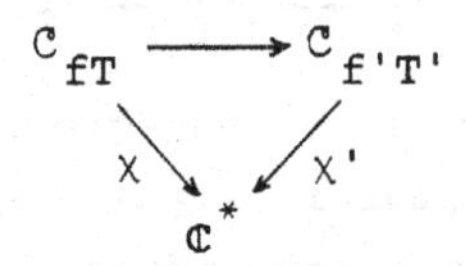

implique que $f' = f$ et $T' = T$. Par abus de langage, on dira que $L(s,\chi)$ est primitive si χ l'est. Considérer une fonction $L(s,\chi)$ non-primitive revient à supprimer un nombre fini de facteurs d'Euler.

2.4 On sait prolonger analytiquement les $L(s,\chi)$ de 2.2 à tout le plan complexe, avec une équation fonctionnelle, cf. §6. Si $\chi = 1$, $L(s,\chi)$ est égal à ζ_k ou une des $\zeta_{k,S}$ de 1.4, selon qu'on a pris $f = 1$ ou non. Si $\chi \neq 1$, on sait que $L(s,\chi)$ est partout holomorphe et $L(1,\chi) \neq 0$.

2.5 <u>En termes d'idèles</u>, les χ construits en 2.2 correspondent aux homomorphismes continus $k_{\mathbb{A}}^* \longrightarrow S^1$ <u>d'ordre fini</u> et triviaux sur les idèles principaux k^* . En effet, à un idèle $(x_v) \in k_{\mathbb{A}}^*$, on fera correspondre l'idéal de $\mathfrak{I}_f$ engendré par les composantes $x_{\mathfrak{p}}$, pour $\mathfrak{p} \nmid f$. Nous n'allons pas, dans ces notes, nous occuper de quasi-caractères plus généraux de $k_{\mathbb{A}}^*$.

2.6 <u>La théorie du corps de classes</u> établit, pour toute paire (f,T) comme avant, l'existence d'une unique extension abélienne K_{fT} de k - appelée <u>corps de rayon modulo</u> f - telle que les trois conditions suivantes sont satisfaites.

(i) Un idéal premier $\mathfrak{p}$ de k est ramifié dans K_{fT}, si et seulement si $\mathfrak{p} | f$.

<u>Notation</u> : Si K/k est une extension abélienne finie de groupe de Galois G , $\mathfrak{p}$ une place de k non-ramifiée dans K/k et $\mathfrak{P}$ une place de K divisant $\mathfrak{p}$, alors on note $(\frac{\mathfrak{p}}{K/k})$ l'unique élément de $G_{\mathfrak{P}} \subset G$ (voir 3.4, plus loin) dont la réduction modulo $\mathfrak{P}$ induit l'automorphisme $x \longmapsto x^{N\mathfrak{p}}$ sur le corps résiduel de $\mathfrak{P}$. Comme G est abélien ceci ne dépend que de $\mathfrak{p}$.

(ii) L'application $\mathfrak{p} \longmapsto (\frac{\mathfrak{p}}{K_{fT}/k})$ induit un isomorphisme - appelée application de réciprocité d'Artin -

$$\psi_f : C_{fT} \xrightarrow{\sim} \mathrm{Gal}(K_{fT}/k) .$$

(iii) La norme $N_{K_{fT}/k}\mathfrak{a}$ de chaque idéal entier $\mathfrak{a} \neq 0$ de K_{fT} premier à f est un idéal principal engendré par un élément de k^*_{fT} .

De plus, pour chaque extension abélienne finie K/k , de groupe de Galois G , il existe une paire (f,T) - dont le choix minimal est appelé <u>le conducteur de</u> K/k - telle que

(i) $K \subset K_{fT}$;

(ii) la surjection $\psi_{K/k} : C_{fT} \xrightarrow{\psi_f} \mathrm{Gal}(K_{fT}/k) \longrightarrow G$

est induite par l'application $\mathfrak{p} \longmapsto (\frac{\mathfrak{p}}{K/k})$;

(iii) le noyau $\ker \psi_{K/k}$ est formé des classes représentées par les normes d'idéaux de K .

Appelons $\hat{G}$ l'ensemble des caractères (de degré 1) du groupe G . Grâce à $\psi_{K/k}$, on interprète les éléments de $\hat{G}$ comme caractères du type envisagé dans 2.2. Le conducteur de $\chi \in \hat{G}$ est alors celui du corps fixe de $\ker \chi \subset G$. En écrivant des fonctions primitives partout, on démontre la décomposition suivante (voir [CF], p. 217 ; [WBN], XIII-10).

2.7 $\zeta_K(s) = \prod_{\chi \in \hat{G}} L(s,\chi) = \zeta_k(s) . \prod_{\chi \neq 1} L(s,\chi)$.

§3. REPRÉSENTATIONS LINÉAIRES DES GROUPES FINIS

Références : [SRG], [CR] .

3.1 Soient G un groupe fini d'ordre g et E un corps de caractéristique 0 . Une représentation E-linéaire de G est un homomorphisme $\rho : G \longrightarrow GL(V)$, pour un E-espace vectoriel V de dimension finie. Ceci revient à munir V d'une structure de $E[G]$-module. On pourra donc parler simplement de la représentation V de G .

Le caractère de la représentation ρ est la fonction $\chi = \chi_\rho : G \longrightarrow E$ qui, à $x \in G$, fait correspondre la trace de l'automorphisme $\rho(x)$ de V . C'est une fonction centrale sur G (i.e. $\chi(yxy^{-1}) = \chi(x)$, pour tous $x,y \in G$) telle que $\chi(1) = \dim V$. Elle prend ses valeurs dans une extension cyclotomique de $\mathbb{Q}$ contenue dans E . Nous notons $a \longmapsto a^*$ l'automorphisme d'une extension cyclotomique de $\mathbb{Q}$ induit par la substitution $\zeta \longmapsto \zeta^{-1}$ des racines de l'unité. Pour $E \subset \mathbb{C}$, on trouve donc $a^* = \bar{a}$, le conjugué complexe de a . De même, nous écrivons χ^* (ou $\bar{\chi}$, si $E \subset \mathbb{C}$) le caractère obtenu par conjugaison des valeurs de χ (voir 3.3). Deux représentations de G sont isomorphes si et seulement si elles ont même caractère. Cela découle des relations d'orthogonalité entre les caractères irréductibles de G (= caractères de représentations sans sous-espace propre stable par G), relativement au produit scalaire suivant :

$$\langle \chi_1, \chi_2 \rangle_G = \frac{1}{g} \sum_{\sigma \in G} \chi_1(\sigma)\chi_2^*(\sigma) = \frac{1}{g} \sum_{\sigma \in G} \chi_1(\sigma)\chi_2(\sigma^{-1}) .$$

On note $1_G : G \longrightarrow E$ l'application constante de valeur 1. Elle est le caractère de la représentation triviale de dimension 1. Un caractère virtuel de G sur E est une combinaison $\mathbb{Z}$-linéaire de caractères attachés à des représentations de G sur E .

3.2 <u>Propriétés formelles de</u> $\langle\ ,\ \rangle_G$.

Ici, les arguments du produit scalaire seront des caractères virtuels.

(0) $\langle\chi_1,\chi_2\rangle_G \in \mathbb{Z}$

(1) $\langle\chi_1+\chi_2,\chi_3\rangle_G = \langle\chi_1,\chi_3\rangle_G + \langle\chi_2,\chi_3\rangle_G$

$\langle\chi_1,\chi_2\rangle_G = \langle\chi_2,\chi_1\rangle_G = \langle\chi_1\chi_2^*,1_G\rangle_G$.

(2) "<u>Réciprocité de Frobenius</u>".

Soient H un sous-groupe de G d'ordre h ; ψ un caractère virtuel de H et χ un caractère virtuel de G . Alors

$$\langle\psi,\chi_{|H}\rangle_H = \langle \mathrm{Ind}_H^G\psi,\chi\rangle_G .$$

Ici, pour $\sigma \in G$, $\mathrm{Ind}_H^G\psi(\sigma) = \frac{1}{h} \sum_{\substack{\tau\in G \\ \tau^{-1}\sigma\tau\in H}} \psi(\tau^{-1}\sigma\tau)$.

C'est la <u>fonction induite</u> sur G par ψ . Si ψ est le caractère de la représentation $H \longrightarrow GL(W)$, alors $\mathrm{Ind}\,\psi$ est celui de la <u>représentation induite</u> $E[G]\otimes_{E[H]}W$ de G .

3.3 Etant donnés un $E[G]$-module V et un sous-groupe H de G , on pose $V^H = \{x \in V : \sigma x = x$, pour tout $\sigma \in H\}$.

Si W est aussi un $E[G]$-module, on fait opérer G sur $V\otimes_E W$ par $\sigma(x\otimes y) = \sigma x\otimes\sigma y$, et sur $\mathrm{Hom}_E(V,W)$ par $(\sigma f)(x) = \sigma(f(\sigma^{-1}x))$, de sorte que $\mathrm{Hom}_{E[G]}(V,W) = \mathrm{Hom}_E(V,W)^G$. Si V (resp. W) est une représentation de G sur E de caractère χ (resp. ψ), alors le caractère de $V\otimes_E W$ est $\chi\psi$, tandis que celui de $\mathrm{Hom}_E(V,W)$ est $\chi^*\psi$. En fait, on a $V\otimes_E W \cong \mathrm{Hom}_E(V^*,W)$, où $V^* = \mathrm{Hom}_E(V,E)$ est la <u>représentation contragrédiente</u> de V . D'après ce que nous avons dit, elle réalise le caractère conjugué χ^* du caractère χ attaché à l'action de G sur V .

3.4 Par la suite, le groupe G sera toujours donné comme groupe de Galois d'une extension galoisienne finie K/k de corps globaux. On fera toujours opérer G <u>à gauche</u>.

Toutefois, nous écrivons parfois a^{σ} au lieu de σa (pour $a \in K$, $\sigma \in G$). Dans ces cas, le lecteur doit s'habituer à la formule $a^{\sigma\tau} = (a^{\tau})^{\sigma}$, pour $\sigma, \tau \in G$.

Si w est une place de K, G_w sera le groupe de décomposition de w par rapport à K/k, i.e. $G_w = \{\sigma \in G : \sigma w = w\}$. Si w est non-archimédienne, I_w désigne le groupe d'inertie de w, formé des éléments de G_w induisant l'automorphisme trivial de l'extension résiduelle. Alors, si v est la restriction de w à k, le groupe de Galois de l'extension résiduelle de w/v s'identifie à G_w/I_w et on note $\sigma_w \in G_w/I_w$ la substitution de Frobenius (élévation à la puissance Nv-ième sur le corps résiduel de w). σ_w engendre G_w/I_w.

Si w est archimédienne, on écrit parfois σ_w l'unique générateur de G_w. En fait, dans ce cas G_w est d'ordre 2 ou 1 selon que w est complexe prolongeant une place réelle de k ou non.

§4. DÉFINITION ET PREMIÈRES PROPRIÉTÉS DES FONCTIONS L D'ARTIN

<u>Références</u> : [Ma D] ; voir aussi [De C] et l'article de Serre dans [AAG].

4.1 Soit K/k une extension galoisienne finie de corps de nombres (de degré fini sur $\mathbb{Q}$), de groupe de Galois G. Soit $\chi : G \longrightarrow \mathbb{C}$ le caractère d'une représentation complexe $G \longrightarrow GL(V)$. Avec les notations de 3.4, pour chaque place finie $\mathfrak{P}$ de K, l'élément $\sigma_{\mathfrak{P}}$ de $G_{\mathfrak{P}}/I_{\mathfrak{P}}$ agit sur $V^{I_{\mathfrak{P}}}$. On pose, pour $Re(s) > 1$:

$$L(s,V) = \prod_{\mathfrak{p}} \det(1 - \sigma_{\mathfrak{P}} N\mathfrak{p}^{-s} | V^{I_{\mathfrak{P}}})^{-1},$$

où $\mathfrak{p}$ décrit les places finies de k et pour chaque $\mathfrak{p}$, $\mathfrak{P}$ est une place de K divisant $\mathfrak{p}$, choisie arbitrairement. Les $\sigma_{\mathfrak{P}}$ étant conjugués entre eux, la valeur spéciale du "polynôme caractéristique" de $\sigma_{\mathfrak{P}}$ qui est écrite comme $\mathfrak{p}$-facteur du produit eulerien ne dépend pas du choix de $\mathfrak{P}$.

Le même argument montre que $L(s,V)$ reste inchangé si l'on remplace V par une représentation isomorphe. On peut donc écrire sans ambiguité $L(s,\chi)$ au lieu de $L(s,V)$. En fait, voici une formule explicite d'Artin, [ArL], qui ne dépend que de χ :

$$\log L(s,\chi) = \sum_{p} \sum_{n=1}^{\infty} \frac{\chi(\sigma_{\mathfrak{P}}^n)}{n.Np^{ns}} \text{ , où } \chi(\sigma_{\mathfrak{P}}^n) = \frac{1}{\operatorname{card} I_{\mathfrak{P}}} \sum_{\tau \in \sigma_{\mathfrak{P}}^n} \chi(\tau) \text{ .}$$

4.2 Propriétés formelles.

Une fois qu'on a démontré le prolongement analytique des $L(s,\chi)$, les propriétés suivantes sont valables pour tout $s \in \mathbb{C}$.

(1) Additivité.

$$L(s,\chi_1+\chi_2) = L(s,\chi_1)L(s,\chi_2) \text{ .}$$

(Ceci permet de définir $L(s,\chi)$ pour tout caractère virtuel de G).

(2) Induction.

$$\begin{array}{l} \quad K \\ H\ | \\ \quad k' \\ \quad | \\ \quad k \end{array}$$

Pour un sous-groupe H de G et un caractère χ de H , notons simplement $\operatorname{Ind}\chi$ le caractère de G induit par χ (cf. 3.2). Alors

$$L(s,\operatorname{Ind}\chi) = L(s,\chi) \text{ .}$$

(3) Inflation.

$$\begin{array}{l} \quad K \\ H\ | \\ \quad K' \\ G'\ | \\ \quad k \end{array}$$

Pour un quotient $G' = G/H$ - H un sous-groupe distingué - de G et un caractère χ de G', notons $\operatorname{Infl}\chi$ le caractère $G \longrightarrow G/H \xrightarrow{\chi} \mathbb{C}$. Alors

$$L(s,\operatorname{Infl}\chi) = L(s,\chi) \text{ .}$$

(4) Si $\chi(1) = 1$, c'est-à-dire si V est de dimension 1 , l'homomorphisme $\chi : G \longrightarrow \mathbb{C}^*$ se factorise par l'abélianisé G^{ab} de G et s'identifie, d'après 2.6, à un caractère abélien de k du type considéré en 2.2. La fonction L d'Artin de V est alors égale à la fonction L primitive attachée à χ au §2.

§5. THÉORÈME DE BRAUER ET CONJECTURE D'ARTIN

Références : [SRG], [MaD].

5.1 Un caractère de G est dit monomial, s'il est induit par un caractère de degré 1 d'un sous-groupe de G. Le théorème de Brauer affirme que tout caractère (virtuel) de G est combinaison linéaire à coefficients entiers de caractères monomiaux irréductibles.

Grâce à 4.2, (1), (2) et (4), on en déduit que chaque fonction L d'Artin s'écrit sous la forme

5.2 $$\prod_i L(s,\psi_i)^{n_i} ,$$

avec $n_i \in \mathbb{Z}$ et ψ_i un caractère de degré $\psi_i(1) = 1$ d'un sous-groupe convenable H_i de G. En appliquant encore 4.2, (3), on peut passer au quotient de H_i par $\ker \psi_i$, de sorte que les ψ_i deviennent des caractères de groupes cycliques.

5.3 Soit χ le caractère d'une représentation complexe de G. On ne peut pas toujours imposer aux entiers n_i intervenant dans 5.2 d'être positifs. Toutefois, cette décomposition montre que $L(s,\chi)$ possède un prolongement analytique en une fonction méromorphe dans tout le plan complexe.

La conjecture d'Artin dit que $L(s,\chi)$ est une fonction entière, si χ ne contient pas de composante triviale 1_G (cf. [MaD], I-§5).

§6. ÉQUATION FONCTIONNELLE

Références : [MaD] ; [SCL], VI ; [DeC] ; [CH].

Soit χ le caractère d'une représentation complexe de $G = \mathrm{Gal}(K/k)$.

6.1 Pour commencer, complétons $L(s,\chi)$ par des facteurs gamma correspondant aux places à l'infini de k. On pose

$$\Gamma_{\mathbb{R}}(s) = \pi^{-s/2}\,\Gamma(\tfrac{s}{2}) \ ;$$

$$\Gamma_{\mathbb{C}}(s) = \Gamma_{\mathbb{R}}(s)\Gamma_{\mathbb{R}}(s+1) = 2.(2\pi)^{-s}\Gamma(s) \ .$$

Pour chaque place v à l'infini de k, choisissons une place w de K relevant v. Si G_w est d'ordre 2 (cf. 3.4), soit χ_- son caractère non-trivial. Dans tous les cas, posons $\chi_+ = 1_{G_w}$ et écrivons

$$\chi_{|G_w} = n_+(w)\chi_+ + n_-(w)\chi_- \ .$$

On a donc $n_+(w) = \dim V^{G_w}$ et $n_-(w) = \operatorname{codim} V^{G_w}$. En utilisant cette décomposition, le facteur local L_v - qui ne dépend pas, en fait, du choix de w - est défini par additivité à partir des formules

$$L_v(s,\chi_+) = \Gamma_{\mathbb{C}}(s) \ , \quad \text{si } v \text{ est complexe ;}$$

$$\left.\begin{array}{l} L_v(s,\chi_+) = \Gamma_{\mathbb{R}}(s) \\ L_v(s,\chi_-) = \Gamma_{\mathbb{R}}(s+1) \end{array}\right\} \text{ si } v \text{ est réelle.}$$

Soit r_2 le nombre des places complexes de k, et posons

$$a_1 = a_1(\chi) = \sum_{v \text{ réelle}} \dim V^{G_w} \ ,$$

$$a_2 = a_2(\chi) = \sum_{v|\infty} \operatorname{codim} V^{G_w} = \sum_{v \text{ réelle}} \operatorname{codim} V^{G_w} \ ,$$

$$n = [k:\mathbb{Q}] = \frac{1}{\chi(1)}\,(a_1(\chi) + a_2(\chi) + 2r_2\chi(1)) \ .$$

Alors on a explicitement :

$$\prod_{v|\infty} L_v(s,\chi) = 2^{r_2\chi(1)(1-s)} . \pi^{-\frac{a_2}{2}-\frac{s}{2} n\chi(1)} . \Gamma(s)^{r_2\chi(1)} . \Gamma(\tfrac{s}{2})^{a_1} . \Gamma(\tfrac{1+s}{2})^{a_2} .$$

Notons qu'on a $a_i(\chi) = a_i(\bar{\chi})$, pour $i = 1,2$.

6.2 Soit $\mathfrak{p}$ une place finie de k et choisissons une place $\mathfrak{P}$ de K divisant $\mathfrak{p}$. Soit $I_{\mathfrak{P}} = G_o \supset G_1 \supset G_2 \supset \ldots$ la suite des groupes de ramification de $\mathfrak{P}/\mathfrak{p}$ ([SCL], ch.IV). On note g_i le cardinal de G_i , et l'on pose

$$f(\chi,\mathfrak{p}) = \sum_{i=0}^{\infty} \frac{g_i}{g_o} \operatorname{codim} V^{G_i} .$$

Ce nombre ne dépend pas du choix de $\mathfrak{P}$ et on démontre ([SCL], VI-§2) que <u>c'est un entier rationnel</u>. Comme on a trivialement $f(\chi,\mathfrak{p}) = 0$, si $\mathfrak{p}$ n'est pas ramifiée dans K/k (i.e. $G_o = \{1\}$), on peut définir <u>le conducteur d'Artin</u> de χ par

$$f(\chi) = \prod_{\mathfrak{p}} \mathfrak{p}^{f(\chi,\mathfrak{p})} ,$$

où $\mathfrak{p}$ décrit toutes les places finies (idéaux premiers) de k .

6.3 On pose, avec les notations précédentes :

$$\Lambda(s,\chi) = \{|d_k|^{\chi(1)} Nf(\chi)\}^{s/2} . \prod_{v|\infty} L_v(s,\chi) . L(s,\chi) ,$$

où $|d_k| \in \mathbb{Q}$ est la valeur absolue du discriminant de k sur $\mathbb{Q}$; $Nf(\chi) > 0$ est la norme absolue de $f(\chi)$; et pour un réel positif α et $z \in \mathbb{C}$ on pose (ici et par la suite) $\alpha^z = \exp(z.\log \alpha)$, où $\log \alpha \in \mathbb{R}$.

Alors l'équation fonctionnelle de $L(s,\chi)$ s'écrit

6.4 $$\Lambda(1-s,\chi) = W(\chi)\, \Lambda(s,\bar{\chi}) ,$$

avec une constante $W(\chi) \in \mathbb{C}^*$ de module 1 .

6.5 La constante $W(\chi)$ - appelée "Artinsche Wurzelzahl" - s'écrit

$$W(\chi) = W_\infty(\chi)\ \tau(\bar{\chi})\ (Nf(\chi))^{-\frac{1}{2}} ,$$

où $W_\infty(\chi) = \prod_{v|\infty} i^{-\mathrm{codim}\, V^{G_w}} = i^{-a_2(\chi)}$, et les constantes complexes $\tau(\bar{\chi})$ sont caractérisées par le formalisme suivant :

(1) $\tau(\chi_1+\chi_2) = \tau(\chi_1)\tau(\chi_2)$

(2) $\tau(\mathrm{Ind}_H^G \chi) = \tau(\chi).\left\{(N_{k/\mathbb{Q}}\mathfrak{D}(k'/k))^{\frac{1}{2}}.i^{m(k'/k)}\right\}^{\chi(1)}$,

K — H — k' — k

où $\mathfrak{D}(k'/k)$ est l'idéal discriminant de k' sur k et $m(k'/k) = \mathrm{card}\left\{v'|\infty : v' \text{ place de } k' \text{ et } G_{v'}(k'/k) \neq \{1\}\right\}$.

(3) Si χ est de dimension 1 , interprété selon 2.6 comme caractère de Dirichlet de k , alors $\tau(\chi)$ est la somme de Gauss intervenant dans l'équation fonctionnelle des fonctions L abéliennes (voir [MaD], II-§2 pour les formules locales explicites).

Notons (cf. [MaD], p. 48) que $W_\infty(\bar{\chi}) = W_\infty(\chi)$ et que $f(\bar{\chi}) = f(\chi)$. Enfin, nous allons réécrire explicitement l'équation fonctionnelle en utilisant l'identité suivante ([MaD], p. 49) :

$$W(\chi) = \frac{Nf(\chi)^{\frac{1}{2}}}{\tau(\chi)\ W_\infty(\chi)} .$$

Le signe du discriminant $d_k \in \mathbb{Q}$ est $(-1)^{r_2}$. On pose

6.6 $$\sqrt{d_k} = i^{r_2}\ |d_k|^{\frac{1}{2}} \in \mathbb{C} .$$

Avec toutes ces notations, voici une version explicite de l'équation fonctionnelle :

$$6.7 \quad L(1-s,\chi) = \begin{cases} 2^{r_2\chi(1)} \cdot \dfrac{i^{(a_2+r_2\chi(1))}}{\tau(\chi)\sqrt{d_k}^{\chi(1)}} \cdot \pi^{\frac{1}{2}n\chi(1)} \cdot \\ \cdot \left(\dfrac{\Gamma(s)}{\Gamma(1-s)}\right)^{r_2\chi(1)} \left(\dfrac{\Gamma(\frac{s}{2})}{\Gamma(\frac{1-s}{2})}\right)^{a_1} \left(\dfrac{\Gamma(\frac{1+s}{2})}{\Gamma(\frac{2-s}{2})}\right)^{a_2} \cdot \\ \cdot\ B^s \cdot L(s,\bar{\chi}) \,, \end{cases}$$

pour un réel positif $B \neq 0$.

Ecrivons $c(\bar{\chi})$ (resp. $c_1(\chi)$) le premier coefficient non-nul du développement de Laurent de $L(s,\bar{\chi})$ (resp. $L(s,\chi)$) en $s=0$ (resp. en $s=1$), et soit $r_1(\chi)$ la multiplicité de $L(s,\chi)$ en $s=1$. En faisant $s \longrightarrow 0$ en 6.7, on obtient finalement (rappelons que $\Gamma(\frac{1}{2}) = \pi^{\frac{1}{2}}$ et que Γ a un pôle simple de résidu 1 en $s=0$) :

$$6.8 \quad \frac{c_1(\chi)}{c(\bar{\chi})} = (-1)^{r_1(\chi)} \cdot 2^{[r_2 \cdot \chi(1)+a_1(\chi)]} \frac{(\pi i)^{[a_2(\chi)+r_2\chi(1)]}}{\tau(\chi)\sqrt{d_k}^{\chi(1)}} \,.$$

On utilisera 6.8 dans la démonstration du théorème I.8.4. L'exposant $a_2(\chi) + r_2\chi(1)$ sera appelé $a_3(\chi)$ à partir de I.8.7.

CHAPITRE I : LA CONJECTURE PRINCIPALE DE STARK

§1. RAPPELS

Soit k un corps de nombres (de degré fini sur $\mathbb{Q}$), et notons $\zeta_k(s)$ la fonction zêta de Dedekind de k (voir 0.1.4), donnée pour $Re(s) > 1$ par le produit eulérien

$$\prod_{\mathfrak{p}} (1-N\mathfrak{p}^{-s})^{-1} ,$$

étendu à toutes les places finies de k .

Le théorème célèbre suivant est dû à Dedekind, [Ded], § 184, IV, qui généralisait ainsi des résultats de Dirichlet - [Dir], articles n° XXVIII et XXXII - relatifs aux formes quadratiques. Pour un autre point de vue, voir [WBN], VII-6.

1.1 THÉORÈME. $\zeta_k(s)$ <u>a un pôle simple en</u> $s = 1$, <u>de résidu</u>

$$\frac{2^{r_1}(2\pi)^{r_2}}{\sqrt{|d|}} \frac{hR}{e} .$$

Ici, r_1 (resp. r_2) est le nombre des places réelles (resp. complexes) de k ; d le discriminant du corps k ; h son nombre de classes d'idéaux ; R son régulateur ; et e le nombre des racines de l'unité contenues dans k .

L'équation fonctionnelle de $\zeta_k(s)$ permet de traduire ce théorème en un énoncé au point $s = 0$. En fait, compte tenu de propriétés bien connues de la fonction Γ , on déduit facilement de [WBN], VII-6, Th. 3 (voir aussi 0.§6) le corollaire suivant.

1.2 COROLLAIRE. <u>Le développement de Taylor de</u> $\zeta_k(s)$ <u>en</u> $s = 0$ <u>commence par le terme</u>

$$- \frac{hR}{e} . s^{r_1+r_2-1} .$$

Ce corollaire donne le premier coefficient non nul du développement de $\zeta_k(s)$ en $s=0$ comme quotient d'un invariant transcendant (i.e., défini de façon transcendante et dont on conjecture qu'il est, soit 1, soit un nombre transcendant) : le régulateur R, par un rationnel : $-\frac{e}{h}$. La conjecture principale de Stark sera un énoncé du même type pour les fonctions L d'Artin.

§2. LES FONCTIONS $\zeta_{k,S}$

Il nous sera très utile par la suite de travailler avec des fonctions zêta et L éventuellement non-primitives : Fixons un ensemble fini S de places de k contenant l'ensemble S_∞ des places à l'infini de k, et écrivons, pour $\mathrm{Re}(s) > 1$,

$$\zeta_{k,S}(s) = \prod_{\mathfrak{p}\notin S} (1-N\mathfrak{p}^{-s})^{-1} ,$$

le produit étant pris cette fois-ci sur les places (finies) de k n'appartenant pas à S. C'est la fonction zêta, au sens de 0.1.4, de l'anneau de Dedekind

$$\mathcal{O}_S = \bigcap_{\mathfrak{p}\notin S} \mathcal{O}_\mathfrak{p} .$$

Notons h_S le nombre de classes d'idéaux de $\mathcal{O}_S$, et R_S le S-régulateur de k. Si $r = \mathrm{card}(S)-1$, et que $u_1,\dots,u_r$ est une base du groupe $\mathcal{O}_S^*$ modulo torsion (cf. [WBN], IV-4, Th. 9), on trouve donc

$$R_S = \text{valeur absolue}\Big(\det_{\substack{1\leqslant i\leqslant r \\ v\in S\setminus\{v_o\}}} (\log |u_i|_v)\Big) ,$$

où v_o est une place arbitrairement choisie de S. (Le déterminant que nous venons d'écrire n'est bien défini qu'au signe près).- Le lemme suivant résulte aussitôt des définitions (cf. 7.6) :

2.1 LEMME. <u>Soit</u> $\mathfrak{p}$ <u>une place de</u> k <u>n'appartenant pas à</u> S, <u>et posons</u> $S' = S\cup\{\mathfrak{p}\}$. <u>Appelons</u> m <u>l'ordre de</u> $\mathfrak{p}$ <u>dans le groupe des classes d'idéaux de</u> $\mathcal{O}_S$. <u>Alors on a les formules</u> :

(i) $h_S = m.h_{S'}$

(ii) $R_{S'} = m.(\log N\mathfrak{p}).R_S$

(iii) $\zeta_{k,S'}(s) \sim (\log N\mathfrak{p}).s.\zeta_{k,S}(s)$, _au voisinage de_ $s=0$.

La relation écrite en (iii) signifie que la limite, pour s tendant vers zéro, du rapport des deux côtés vaut 1.

Ce lemme permet de généraliser le corollaire 1.2 :

2.2 COROLLAIRE. $\zeta_{k,S}(s) \sim -\frac{h_S R_S}{e}.s^{(\mathrm{card}(S)-1)}$, _au voisinage de_ $s=0$.

§3. FONCTIONS L

Soit maintenant K une extension galoisienne finie de k , de groupe de Galois G . On se donne

$$\chi : G \longrightarrow \mathbb{C} ,$$

le caractère d'une représentation $G \longrightarrow GL(V)$, la réalisation V étant un espace vectoriel de dimension finie sur $\mathbb{C}$.

L'ensemble fini S de places de k étant fixé, nous écrirons simplement

$$3.0 \qquad L(s,\chi) = L_S(s,\chi) = \prod_{\mathfrak{p}\notin S} \det(1-\sigma_{\mathfrak{P}}\, N\mathfrak{p}^{-s} | V^{I_{\mathfrak{P}}})^{-1} ,$$

pour la fonction L d'Artin (relative à S) attachée à χ. Ici $\mathfrak{P}$ désigne une place arbitraire de K au-dessus de $\mathfrak{p}$ et $\sigma_{\mathfrak{P}} \in G_{\mathfrak{P}}/I_{\mathfrak{P}}$ est la substitution de Frobenius de l'extension résiduelle de $\mathfrak{P}/\mathfrak{p}$. Le produit eulérien est effectivement indépendant de la réalisation V de χ .- Voir O.§4 et O.§5 pour une introduction plus détaillée des fonctions L d'Artin.

Posons au voisinage de $s=0$:

$$3.1 \qquad L(s,\chi) = c(\chi).s^{r(\chi)} + O(s^{r(\chi)+1}) .$$

Avant d'aborder la conjecture pour $c(\chi)$, nous allons déterminer la multiplicité $r(\chi)$.

Notons S_K l'ensemble des places de K prolongeant celles de k qui sont dans S ; et Y le groupe abélien libre de base S_K . Posons

3.2 $$X = \{ \sum_{w \in S_K} n_w . w \in Y : \sum_{w \in S_K} n_w = 0 \} .$$

Le groupe de Galois G agit naturellement sur S_K par permutation des places w divisant v , pour chaque $v \in S$. D'où une structure de G-module sur Y et sur X . On a visiblement la suite exacte de G-modules :

3.3 $$0 \longrightarrow X \longrightarrow Y \longrightarrow \mathbb{Z} \longrightarrow 0$$
$$\Sigma\, n_w . w \longmapsto \Sigma\, n_w$$

NOTATIONS. Pour un $\mathbb{Z}$-module B et un sous-anneau A de $\mathbb{C}$, nous écrirons simplement AB le produit tensoriel $A \otimes_{\mathbb{Z}} B$. Nous notons χ_X le caractère de la représentation $\mathbb{C}X$ de G , et de même χ_Y celui de $\mathbb{C}Y$. Donc $\chi_X = \chi_Y - 1$.

On a évidemment $\chi_Y = \sum_{v \in S} \mathrm{Ind}_{G_w}^{G} 1_{G_w}$, où, pour chaque $v \in S$, la place w de K divisant v est choisie arbitrairement. En particulier, χ_Y et χ_X prennent leurs valeurs dans $\mathbb{Z}$.

3.4 PROPOSITION

$$r(\chi) = (\sum_{v \in S} \dim V^{G_w}) - \dim V^G = \langle \chi, \chi_X \rangle_G = \dim_{\mathbb{C}} \mathrm{Hom}_G(V^*, \mathbb{C}X).$$

(Rappelons que V^* désigne la représentation contragrédiente de V : 0.3.3).

DÉMONSTRATION. On a l'isomorphisme canonique $\mathrm{Hom}_{\mathbb{C}}(V^*, \mathbb{C}X) \cong V^{**} \otimes_{\mathbb{C}} \mathbb{C}X$, d'où l'identification $\mathrm{Hom}_G(V^*, \mathbb{C}X) \cong (V \otimes \mathbb{C}X)^G$. Donc (grâce aux relations d'orthogonalité des caractères irréductibles) : $\dim \mathrm{Hom}_G(V^*, \mathbb{C}X) = \langle \chi . \chi_X, 1 \rangle_G = \langle \chi, \overline{\chi_X} \rangle_G$. Comme $\bar{\chi}_X = \chi_X$, ceci démontre la dernière égalité.- La deuxième se déduit des expressions explicites pour χ_X et χ_Y rappelées avant 3.4, grâce aux propriétés formelles du produit scalaire : 0.3.2.

Comme ce formalisme de $\langle\ ,\ \rangle$ est analogue à celui des fonctions L (0.4.2), le théorème de Brauer (0.5.1) nous permet de ne traiter la première identité que pour le cas d'un caractère abélien de dimension 1. Alors, si $\chi = 1_G$, on a $L(.,\chi) = \zeta_{k,S}$ et, d'après 2.2 :

$$r(\chi) = r(1_G) = \mathrm{card}(S)-1 = (\sum_{v\in S} \dim V^{G_w}) - \dim V^G .$$

Si, au contraire, $\chi \neq 1_G$, on a, d'une part, $V^G = \{0\}$. D'autre part, il est bien connu - voir, par exemple, [WBN], XIII-12 - que $L(1,\chi) \neq 0,\infty$. Grâce à l'équation fonctionnelle (voir [WBN], VII-7, ou [MaD], p. 11ff), ceci se traduit par

$$r(\chi) = \mathrm{card}\{v \in S \ : \ \chi(\sigma_w) = 1\} = \sum_{v\in S} \dim V^{G_w} . \text{ cqfd.}$$

§4. RÉGULATEUR DE STARK

Nous allons maintenant introduire le type de régulateur attaché à χ, qui figurera dans la conjecture principale de Stark.

Notons

4.1 $$U = \{x \in K^* \ : \ |x|_w = 1 \text{, pour tout } w \notin S_K\}$$

le groupe des S_K-unités de K, et considérons le "plongement" logarithmique

4.2 $$\lambda : U \longrightarrow \mathbb{R}X$$
$$u \longmapsto \sum_{w\in S_K} \log |u|_w . w ,$$

où X est défini en 3.2. (La normalisation des valeurs absolues est rappelée en 0.0.2). C'est l'application qu'on utilise dans la démonstration du théorème des S-unités ([WBN], IV-4, Th. 9). Son noyau est le groupe $\mu(K)$ des racines de l'unité contenues dans K, et son image est un réseau dans $\mathbb{R}X$. En tensorisant avec $\mathbb{R}$ ou $\mathbb{C}$, λ induit donc des isomorphismes (appelés encore λ) :

$$\mathbb{R}U \xrightarrow{\sim} \mathbb{R}X \ , \quad \mathbb{C}U \xrightarrow{\sim} \mathbb{C}X \ ,$$

qui sont compatibles avec l'action naturelle de G sur U et X.

Ceci implique que les deux représentations $\mathbb{Q}U$ et $\mathbb{Q}X$ de G sont isomorphes <u>sur</u> $\mathbb{Q}$. (Rappelons qu'on démontre cette invariance d'isomorphie de représentations de groupes finis par extension de scalaires (en caractéristique zéro) soit en passant par les caractères associés - voir [SRG], 12.1, note après la prop. 33 - , soit en caractérisant un isomorphisme comme un homomorphisme à déterminant non-nul - voir [CF], p. 110). Historiquement, l'isomorphie $\mathbb{Q}U \cong_G \mathbb{Q}X$ est due à Herbrand : [HeI], [HeII]. Voir aussi le papier d'Artin, [ArE].

Soit donc

4.3 $$f : \mathbb{Q}X \xrightarrow{\sim} \mathbb{Q}U$$

un isomorphisme de $\mathbb{Q}[G]$-modules, et notons encore

$$f : \mathbb{C}X \xrightarrow{\sim} \mathbb{C}U$$

son complexifié.

L'automorphisme $\lambda \circ f$ de $\mathbb{C}X$ induit par fonctorialité un automorphisme

$$\begin{array}{ccc} \mathrm{Hom}_G(V^*,\mathbb{C}X) & \xrightarrow{(\lambda\circ f)_V} & \mathrm{Hom}_G(V^*,\mathbb{C}X) \\ \varphi & \longmapsto & \lambda\circ f\circ\varphi \ . \end{array}$$

Rappelons que V^* est la représentation contragrédiente de V (0.3.3) et que, d'après 3.4, la dimension de $\mathrm{Hom}_G(V^*,\mathbb{C}X)$ est exactement $r(\chi)$.

Le <u>régulateur de Stark</u> attaché à f est alors défini par

4.5 $$R(\chi,f) = \det((\lambda\circ f)_V) \ .$$

Il est évident que $R(\chi,f)$ ne dépend pas du choix de la réalisation V de χ. Le choix de f, au contraire, n'est pas négligeable.

Le lien entre nos $R(\chi,f)$ et les régulateurs utilisés par Stark sera discuté au §9.

§5. CONJECTURE PRINCIPALE DE STARK

Dans les notations des deux paragraphes précédents, cette conjecture peut être énoncée comme ceci :

5.1 CONJECTURE. <u>Soit</u> $A(\chi,f) = \frac{R(\chi,f)}{c(\chi)} \in \mathbb{C}$. <u>Alors, pour tout automorphisme</u> α <u>de</u> $\mathbb{C}$, <u>on a la relation</u>

$$A(\chi,f)^{\alpha} = A(\chi^{\alpha},f) ,$$

<u>où</u> $\chi^{\alpha} = \alpha\circ\chi : G \longrightarrow \mathbb{C}$.

On peut évidemment décomposer l'énoncé 5.1 de la façon suivante :

5.2 (i) $A(\chi,f)$ <u>appartient à</u> $\mathbb{Q}(\chi)$.
(ii) Pour tout $\alpha \in Gal(\mathbb{Q}(\chi)/\mathbb{Q}), A(\chi,f)^{\alpha} = A(\chi^{\alpha},f)$.

Ici, $\mathbb{Q}(\chi)$ est le corps des valeurs de χ . C'est une extension cyclotomique, donc galoisienne, de $\mathbb{Q}$ (cf. [SRG], 2.1).

Il paraît adéquat de reformuler cette conjecture en partant d'une situation relative à un "corps de coefficients" E qui permet des plongements dans $\mathbb{C}$. Il suffirait, en fait, de ne considérer que des corps de nombres E (de degré fini sur $\mathbb{Q}$). Le lecteur notera que cette présentation de la conjecture s'inspire du formalisme de Deligne, [DeP], 2.2.

5.3 Soient donc E un corps de caractéristique 0 et $\chi : G \longrightarrow E$ le caractère d'une représentation $G \longrightarrow GL_E(V)$, où V est un espace vectoriel de dimension finie sur E . (Rappelons que G est le groupe de Galois de l'extension K/k : voir §3). Au lieu de supposer f rationnel (comme en 4.3), prenons un G-homomorphisme quelconque $f : X \longrightarrow EU$.

Pour tout $\alpha \in Hom_{\mathbb{Q}}(E,\mathbb{C})$, on déduit de χ et de V un caractère complexe $\chi^{\alpha} = \alpha\circ\chi$ de G et sa réalisation complexe $V^{\alpha} = V\otimes_{E,\alpha}\mathbb{C}$, auxquels s'applique le §3. En particulier, à chaque α est associée une fonction $L(s,\chi^{\alpha})$.

De plus, $f^\alpha : \mathbb{C}X \longrightarrow \mathbb{C}U$ est défini par $\mathbb{C}$-linéarité à partir de $(\alpha \otimes 1) \circ f : X \longrightarrow \mathbb{C}U$, et induit (comme au §4) l'endomorphisme $(\lambda \circ f^\alpha)_{V^\alpha}$ de $\mathrm{Hom}_G(V^{\alpha *}, \mathbb{C}X)$. Notons $R(\chi^\alpha, f^\alpha)$ son déterminant (qui est indépendant de la réalisation V de χ sur E).

Dans ce cadre, on est alors amené à la

5.4 CONJECTURE. <u>Il existe un élément</u> $A(\chi, f)$ <u>de</u> E <u>tel que, pour tout</u> $\alpha : E \hookrightarrow \mathbb{C}$, <u>on ait</u>

$$R(\chi^\alpha, f^\alpha) = A(\chi, f)^\alpha . c(\chi^\alpha) .$$

Il est clair que 5.1 est un cas spécial de 5.4. L'équivalence de 5.1 (donc aussi de 5.2) avec 5.4 sera démontrée au §6.

5.5 REMARQUE. La conjugaison complexe étant continue, il est facile de voir que $\overline{A(\chi, f)} = A(\bar{\chi}, f)$, dans les notations de 5.1.

Dans le reste de ce chapitre, nous discuterons des compatibilités et variations de ces conjectures. Les cas dans lesquels on sait les démontrer et quelques exemples seront traités aux chapitres II et III.

§6. CHANGEMENT DE L'ISOMORPHISME f

6.1 PROPOSITION. <u>La conjecture</u> 5.1 <u>implique</u> 5.4.

Il est clair qu'on peut toujours, dans 5.4, passer au cas $E = \mathbb{C}$ en fixant arbitrairement un plongement $\alpha : E \hookrightarrow \mathbb{C}$. Il suffit donc de démontrer l'indépendance du choix de f dans ce cas pour voir que 5.1 implique 5.4 :

6.2 <u>Si l'énoncé de</u> 5.4, <u>avec</u> $E = \mathbb{C}$, <u>est vrai pour un choix particulier d'un isomorphisme</u> $f_o : \mathbb{C}X \xrightarrow{\sim} \mathbb{C}U$, <u>alors il est vrai pour tout</u> $f : X \longrightarrow \mathbb{C}U$.

Pour chaque $\mathbb{C}[G]$-endomorphisme θ de $\mathbb{C}X$, écrivons $\delta(\chi,\theta)$ le déterminant de l'endomorphisme θ_V de $\mathrm{Hom}_G(V^*,\mathbb{C}X)$ induit par θ . En fait, δ est clairement indépendant de la réalisation V de χ choisie. On a donc :

6.3 $$R(\chi,f) = \delta(\chi,\lambda\circ f) .$$

Les déterminants δ obéissent au formalisme suivant (cf. 0.4.2) :

6.4
(1) $\delta(\chi+\chi',\theta) = \delta(\chi,\theta).\delta(\chi',\theta)$

(2) $\delta(\mathrm{Ind}\chi,\theta) = \delta(\chi,\theta)$

(3) $\delta(\mathrm{Infl}\chi,\theta) = \delta(\chi,\theta|_{\mathbb{C}X^H})$

(4) $\delta(\chi,\theta\theta') = \delta(\chi,\theta)\delta(\chi,\theta')$

(5) $\delta(\chi,\theta)^\alpha = \delta(\chi^\alpha,\theta^\alpha)$, pour tout $\alpha\in\mathrm{Aut}\,\mathbb{C}$.

Ici, (1) est trivial.- (2) traduit le fait que, pour toute représentation W d'un sous-groupe H de G et tout $\mathbb{C}[G]$-module Z , on a un isomorphisme naturel $\mathrm{Hom}_G(\mathrm{Ind}_H^G W,Z) \cong \mathrm{Hom}_H(W,Z)$, où, dans le terme à droite, Z est considéré comme un H-module.- (3) fait référence à la situation suivante :

6.5 Soit $k\subset K'\subset K$, avec K'/k galoisienne. Notons H le groupe $\mathrm{Gal}(K/K')$ et X' le groupe abélien construit comme dans 3.2, relativement à K' . On plonge alors X' dans X par $w' = \sum_{w|w'} [w:w'].w = \sum_{h\in H} w_o^h$, où $[w:w']$ est le degré de l'extension locale $K_w/K'_{w'}$, et w_o est une place arbitraire de K au-dessus de w'. C'est cette normalisation qui rend commutatif le diagramme

$$\begin{array}{ccc} U & \xrightarrow{\lambda} & \mathbb{R}X \\ \uparrow & & \uparrow \\ U' & \xrightarrow{\lambda'} & \mathbb{R}X' \end{array} ,$$

où les applications λ',λ sont définies comme dans 4.2.
On trouve alors que $X' = N_H X$, où $N_H = \sum_{h\in H} h \in \mathbb{Z}[G]$, mais

<u>pas</u>, <u>en général</u>, $X' = X^H$. Toutefois, $N_H X$ est d'indice fini dans X^H , de sorte qu'on aura $EX' = EX^H$ pour un corps E de caractéristique zéro.

Ceci étant dit, (3) est évident.- La formule (4) est une trivialité.- Quant à (5), regardons $\alpha : \mathbb{C} \hookrightarrow \mathbb{C}$ comme une extension de $\mathbb{C}$ et écrivons $\theta^\alpha = 1 \otimes_\alpha \theta : \mathbb{C} \otimes_\alpha \mathbb{C}X \longrightarrow \mathbb{C} \otimes_\alpha \mathbb{C}X$. Une réalisation de χ^α est donnée par $\mathbb{C} \otimes_\alpha V$, et par l'identification habituelle

$$\mathrm{Hom}_{\mathbb{C}\otimes_\alpha \mathbb{C}[G]}(\mathbb{C}\otimes_\alpha V^*, \mathbb{C}\otimes_\alpha \mathbb{C}X) = \mathbb{C}\otimes_\alpha \mathrm{Hom}_{\mathbb{C}[G]}(V^*, \mathbb{C}X) ,$$

l'endomorphisme $(\theta^\alpha)_V$ devient $1 \otimes_\alpha \theta_V$, dont le déterminant vaut bien $(\det \theta_V)^\alpha$.

L'énoncé 6.2 résulte maintenant de (5) et de la relation évidente (voir 6.3 et la formule (4)) :

$$A(\chi, f) = A(\chi, f_o).\delta(\chi, \theta) ,$$

où $\theta = f_o^{-1}.f$.

6.6 EXEMPLE. D'après 6.2, les conjectures du §5 sont encore équivalentes à l'énoncé de 5.4 appliqué au cas $E = \mathbb{C}$ avec l'isomorphisme $f = \lambda^{-1}$. Ceci donne $R(\chi, \lambda^{-1}) = \delta(\chi, 1) = 1$, et l'on obtient cette formulation intrinsèque mais essentiellement transcendante de la conjecture de Stark :

<u>Pour tout</u> $\alpha \in \mathrm{Aut}\, \mathbb{C}$, <u>on conjecture que</u>

$$\frac{c(\chi^\alpha)}{c(\chi)^\alpha} = \delta(\chi^\alpha, \lambda \circ \lambda^{-\alpha}) .$$

§7. RÉDUCTION AU CAS ABÉLIEN ET INDÉPENDANCE DE S

On tire immédiatement de 0.4.2 et de 6.4 les formules suivantes relatives aux nombres $A(\chi, f)$ introduits dans 5.1 (ou, plus généralement, dans 5.4, si $E \subset \mathbb{C}$) :

$$7.1 \qquad (1)\quad A(\chi+\chi',f) = A(\chi,f).A(\chi',f)$$

$$(2)\quad A(\mathrm{Ind}\chi,f) = A(\chi,f)$$

$$(3)\quad A(\mathrm{Infl}\chi,f) = A(\chi,f|_{\mathbb{C}X^H}) \quad \text{(cf. 6.5).}$$

Ce formalisme permet de ramener la conjecture de Stark, d'une part au cas $k = \mathbb{Q}$ (par passage à la clôture galoisienne de K et induction), d'autre part aux caractères de dimension un (grâce au théorème de Brauer, voir 0.5.1) :

7.2 PROPOSITION. (i) _Si la conjecture_ 5.4 _est vraie pour toute extension galoisienne finie_ $K/\mathbb{Q}$, _alors elle est vraie en général_.
(ii) _Si la conjecture_ 5.4 _est vraie pour tous les caractères irréductibles de dimension_ 1 _de toutes les extensions galoisiennes_ K/k , _alors elle est vraie en général_.

Cela étant dit, passons à l'indépendance des conjectures du choix de S :

L'ensemble S fixé au §2 intervient dans les conjectures du §5 par l'intermédiaire de la fonction L (3.0) aussi bien que par la définition du régulateur (cf. §4). En fait, on a la

7.3 PROPOSITION. _La vérité des conjectures du_ §5 _est indépendante du choix de l'ensemble_ S .

DÉMONSTRATION. Travaillons avec la version 5.1 ! Soit S l'ensemble initial et $S' = S \cup \{\mathfrak{p}\}$, pour une place $\mathfrak{p}$ de k n'appartenant pas à S . Notons U', X', f' etc. les données du §4 pour S remplacé par S', ainsi que $c'(\chi)$ et $r'(\chi)$ (voir 3.1) le coefficient initial et la multiplicité de $L_{S'}(s,\chi)$ en $s=0$. Enfin, posons $A'(\chi,f')$ le nombre résultant de ces données selon 5.1. Nous supposons que $f'|_{\mathbb{C}X} = f$.

Posons $$B(\chi) = \frac{A'(\chi,f')}{A(\chi,f)} .$$

Il s'agit de montrer que

$$7.4 \qquad B(\chi)^{\alpha} = B(\chi^{\alpha}), \ \underline{\text{pour tout}}\ \alpha \in \mathrm{Aut}\,\mathbb{C} .$$

Comme dans 7.2, (ii), les formules de 7.1 nous permettent de supposer que $\chi(1) = 1$. Ceci nous amène à distinguer les deux cas suivants. Notons $\mathfrak{P}$ une place de K audessus de $\mathfrak{p}$, et $G_{\mathfrak{P}} \subset G$ son groupe de décomposition.

7.5 <u>Premier cas</u> : χ n'est pas trivial sur $G_{\mathfrak{P}}$.

Alors on a (car $\dim_{\mathbb{C}} V = \dim_{\mathbb{C}} V^* = 1$!) $r(\chi) = r'(\chi)$ (d'après 3.4) ; $\mathrm{Hom}_G(V^*, \mathbb{C}X) = \mathrm{Hom}_G(V^*, \mathbb{C}X')$ et $R(\chi, f) = R'(\chi, f')$.

D'autre part, si χ n'est pas non plus trivial sur le groupe d'inertie $I_{\mathfrak{P}}$ de $\mathfrak{P}$, on trouve que $L_S(s,\chi) = L_{S'}(s,\chi)$, et donc $B(\chi) = 1 = B(\chi^\alpha)$, ce qui implique 7.4. Si, au contraire, $\chi(I_{\mathfrak{P}}) = 1$, alors $c'(\chi) = (1-\chi(\sigma_{\mathfrak{P}}))\, c(\chi)$ et, par conséquent, $B(\chi) = (1-\chi(\sigma_{\mathfrak{P}}))^{-1}$, de sorte que 7.4 est visiblement vrai.

7.6 <u>Deuxième cas</u> : $\chi(G_{\mathfrak{P}}) = 1$.

Grâce à 7.1, (3), on va alors supposer que $G_{\mathfrak{P}} = 1$, c'est-à-dire que $\mathfrak{p}$ se décompose complètement dans K/k .

Dans ce cas, $L_{S'}(s,\chi) = (1-N\mathfrak{p}^{-s})^{-1} L_S(s,\chi)$, donc $c'(\chi) = \log N\mathfrak{p}\; c(\chi)$.

D'autre part (3.4), $r'(\chi) = r(\chi)+1$, et plus précisément, si $\mathfrak{P}^h = \pi.\mathcal{O}_K$, pour $\pi \in K$:

$$7.7 \qquad \begin{cases} \mathbb{Q}U' \cong \mathbb{Q}U \oplus \mathbb{Q}[G].\pi , \\ \mathbb{Q}X' \cong \mathbb{Q}X \oplus \mathbb{Q}[G].(\mathfrak{P} - \frac{1}{g} N_G w_o) , \end{cases}$$

où w_o est une place archimédienne arbitraire de K ; $g = \mathrm{card}\, G$ et $N_G = \sum_{\sigma \in G} \sigma \in \mathbb{Q}[G]$.

Dans des bases convenables (respectant ces décompositions), on obtiendra donc les matrices pour λ' et f' sous la forme :

$$M(\lambda') = \left(\begin{array}{c|c} M(\lambda) & * \\ \hline 0 & \log|\pi|_{\mathfrak{P}}.1_g \end{array}\right) \; ; \quad M(f') = \left(\begin{array}{c|c} M(f) & 0 \\ \hline 0 & 1_g \end{array}\right) .$$

Comme V est de dimension 1 , on en déduit aisément que la matrice correspondant à l'endomorphisme $(\lambda' \circ f')_V$ de $\mathrm{Hom}_G(V^*, \mathbb{C}X')$ peut se mettre sous la forme :

$$\left(\begin{array}{c|c} M((\lambda\circ f)_V) & \begin{matrix} * \\ \vdots \\ * \end{matrix} \\ \hline & \log|\pi|_{\mathfrak{P}} \end{array}\right) , \text{ où } \det M((\lambda\circ f)_V) = R(\chi, f) .$$

Finalement, on trouve $B(\chi) = \dfrac{\log|\pi|_{\mathfrak{P}}}{\log N\mathfrak{p}}$, un nombre rationnel qui ne dépend plus de χ . Ceci achève la démonstration de la proposition 7.3.

§8. REFORMULATION EN $s = 1$

Nous allons énoncer ici une conjecture analogue à 5.4 relative à la valeur $L(1,\chi)$ et démontrer ensuite qu'elle est équivalente à 5.4 grâce à l'équation fonctionnelle de $L(s,\chi)$. Les constructions utilisées représentent une généralisation de celles du théorème de Serre VI.5.2 :

Prenons pour S l'ensemble S_∞ des places à l'infini de k . L'astuce fondamentale pour trouver, dans la construction du régulateur pour $L(1,\chi)$, les nouvelles "périodes" prédites par 5.4 et l'équation fonctionnelle est l'application exponentielle :

$$\mathbb{R}\otimes K = \prod_{w|\infty} K_w \xrightarrow{\exp_\infty} \prod_{w|\infty} K_w^* = (\mathbb{R}\otimes K)^* .$$

Elle nous permet de <u>définir le groupe</u> $\log_\infty U$: c'est l'image réciproque par $\exp_\infty$ du groupe des unités $U \hookrightarrow \prod_{w|\infty} K_w^*$.
Son image $\exp_\infty(\log_\infty U)$ est donc formée des unités totalement positives (aux places réelles) U_+ de K , et on a la suite exacte de $\mathbb{Z}[G]$-modules :

$$0 \longrightarrow \log_\infty 1 \longrightarrow \log_\infty U \xrightarrow{\exp_\infty} U_+ \longrightarrow 0 ,$$

où $\log_\infty 1 = \ker(\exp_\infty) = \prod_{w \text{ complexe}} (2\pi\, i_w\, \mathbb{Z})$; i_w étant une racine de -1 dans K_w . On voit donc que $\log_\infty U$ est de rang $[K:\mathbb{Q}]-1$. C'est un sous-groupe discret de $\mathbb{R}K$, car U_+ est discret dans $(\mathbb{R}K)^*$ et $\log_\infty 1$ l'est dans $\mathbb{R}K$. En fait, $\log_\infty U$ est contenu (et donc un réseau) dans l'espace $\mathbb{R}K_o$, où $K_o = \{x \in K : Tr_{K/\mathbb{Q}} x = 0\}$. Pour démontrer cela, on somme, sur $w \in S_{\infty,K}$, les identités

8.1 $\quad \log |\exp_w x_w|_w = Tr_{K_w/\mathbb{R}} x_w$, pour $(x_w)_w \in \log_\infty U$.

Notons $\mu : \log_\infty U \hookrightarrow \mathbb{R}K_o$ cette inclusion ainsi que sa complexifiée $\mu : \mathbb{C} \log_\infty U \xrightarrow{\sim} \mathbb{C}K_o$. Cet isomorphisme est compatible avec l'action naturelle de $G = Gal(K/k)$ (mais il ne respecte pas les $\mathbb{Q}[G]$-structures visibles des deux côtés, $\mathbb{Q} \log_\infty U$ et K_o). Comme au §4, on en déduit l'existence d'un $\mathbb{Q}[G]$-isomorphisme $K_o \xrightarrow{\sim} \mathbb{Q} \log_\infty U$, dont on se sert pour la construction d'un "régulateur".

Soit alors (comme dans 5.3) χ un caractère de G , réalisable sur le corps E de caractéristique 0 . On se donne un G-homomorphisme $g : K_o \longrightarrow E \log_\infty U$ pour faire la

8.2 CONJECTURE. Il existe un élément $A_1(\chi, g)$ de E tel que, pour tout $\alpha : E \hookrightarrow \mathbb{C}$, on ait

$$\det(\mu \circ g^\alpha , \operatorname{Hom}_G(V^\alpha, \mathbb{C}K_o)) = A_1(\chi, g)^\alpha . c_1(\chi^\alpha) .$$

Ici, les notations que nous n'avons pas encore expliquées sont celles de 5.3 - sauf le coefficient non-nul c_1 qui, pour un caractère complexe ψ de G , est défini par la relation

$L(s,\psi) = c_1(\psi).(s-1)^{r_1(\psi)} + O((s-1)^{r_1(\psi)+1})$, au voisinage de $s=1$. (Cf. 3.1 - Notons en passant que $r_1(\psi) = -\langle \psi, 1_G \rangle_G$).

Dans le reste de ce paragraphe, on va supposer, pour simplifier, que $E \subset \mathbb{C}$. Il est évident qu'on peut toujours se borner à ce cas.

8.3 PROPOSITION. <u>Si la conjecture</u> 8.2 <u>est vraie pour un choix de</u> g <u>induisant un isomorphisme</u> $g : \mathbb{C} \log_\infty U \xrightarrow{\sim} \mathbb{C}K_o$, <u>alors elle est vraie pour tout</u> g.

La démonstration est tout à fait analogue à celle de 6.2.

En particulier, on obtient une variante de 8.2, analogue à 5.1, en se bornant aux isomorphismes g "définis sur $\mathbb{Q}$" : $K_o \xrightarrow{\sim} \mathbb{Q} \log_\infty U$.

8.4 THÉORÈME. <u>Les conjectures</u> 8.2 <u>et</u> 5.4 <u>sont équivalentes, grâce à l'équation fonctionnelle de</u> $L(s,\chi)$.

DÉMONSTRATION. D'abord, selon 7.3, le fait que nous travaillons toujours avec $S = S_\infty$ dans ce paragraphe n'affecte pas la généralité de 5.4.

On vérifie aussitôt (en utilisant 8.1) que le diagramme suivant est commutatif et que ses lignes sont exactes.

$$\begin{array}{ccccccccc} 0 & \longrightarrow & \mathbb{C}\log_\infty 1 & \longrightarrow & \mathbb{C}\log_\infty U & \xrightarrow{\exp_\infty} & \mathbb{C}U & \longrightarrow & 0 \\ & & \downarrow \nu & & \downarrow \mu & & \downarrow \lambda & & \\ 0 & \longrightarrow & \prod_{w \text{ complexe}} \mathbb{C}\otimes_{\mathbb{R}} \mathrm{Im}(K_w) & \longrightarrow & \mathbb{C}K_o & \xrightarrow{\mathrm{Tr}_\infty} & \mathbb{C}X & \longrightarrow & 0 \end{array},$$

où X est défini dans 3.2 ; λ dans 4.2 ;

$\mathrm{Tr}_\infty(1\otimes x) = \sum_{w|\infty} (\mathrm{Tr}_{K_w/R}\, x_w).w$; et $\nu(2\pi\, i_w) = 2\pi \otimes i_w$

($\mathrm{Im}(K_w)$ désigne l'axe imaginaire de K_w).

Pourtant, on voit que $\mathrm{Tr}_\infty(K_o) \not\subset \mathbb{Q}X$. En fait, l'espace $\mathbb{C}K$ admet <u>deux</u> $\mathbb{Z}$-<u>structures</u> <u>naturelles</u> : l'une définie par $\mathcal{O}_K$, que nous avons utilisée tout à l'heure dans la description de l'homomorphisme g ; l'autre donnée par le sous-anneau $\sum_{\varphi:K\hookrightarrow \mathbb{C}} \mathbb{Z}e_\varphi \subset \mathbb{C}K$, où l'idempotent $e_\varphi \in \mathbb{C}K$ correspond au plongement $\varphi \in \mathrm{Hom}_{\mathbb{Q}}(K,\mathbb{C})$ par l'identification $\mathbb{C}K \cong \mathbb{C}^{\mathrm{Hom}(K,\mathbb{C})}$. C'est cette dernière $\mathbb{Z}$-structure que respecte Tr_∞, car $\mathrm{Tr}_\infty(e_\varphi) = w_\varphi$, la place induite par

$\varphi : K \hookrightarrow \mathbb{C}$. En termes des idempotents e_φ , l'espace $\mathbb{C}K_o$ est engendré par les différences $e_\varphi - e_{\varphi'}$, $\varphi, \varphi' \in \mathrm{Hom}(K,\mathbb{C})$ et $\ker(\mathrm{Tr}_\infty)$ par les $e_\varphi - e_{\bar\varphi}$ ($\bar\varphi$ le conjugué complexe de φ). - Soit φ un plongement imaginaire, de place associée w , et considérons φ comme l'isomorphisme $K_w \xrightarrow{\sim} \mathbb{C}$. Si alors $\varphi(i_w) = i$, on trouve

8.5 $\qquad \nu(2\pi\, i_w) = 2\pi i(e_\varphi - e_{\bar\varphi})$ <u>dans</u> $\mathbb{C}K_o$.

8.6 LEMME. <u>Pour tout</u> $\mathbb{Q}[G]$<u>-isomorphisme</u> $f : \mathbb{Q}X \xrightarrow{\sim} \mathbb{Q}U$ - <u>comme dans</u> 4.3 - <u>il existe un</u> $\mathbb{Q}[G]$<u>-isomorphisme</u> g <u>rendant commutatif le diagramme ci-dessous et tel que</u> $\nu\circ g$ <u>est la multiplication par</u> $2\pi i$ <u>sur</u> $\ker(\mathrm{Tr}_\infty)$.

$$\begin{array}{ccc} (\sum_\varphi \mathbb{Q}e_\varphi)_0 & \xrightarrow{\mathrm{Tr}_\infty} & \mathbb{Q}X \\ \downarrow g & & \downarrow f \\ \mathbb{Q}\log_\infty U & \xrightarrow{\exp_\infty} & \mathbb{Q}U \end{array} .$$

(<u>Ici</u>, <u>évidemment</u>, $(\sum \mathbb{Q}e_\varphi)_0 = \{\sum q_\varphi e_\varphi : \sum q_\varphi = 0\}$).

DÉMONSTRATION. Tr_∞ et $\exp_\infty$ admettent des sections $\mathbb{Q}[G]$-linéaires :

$$(\sum \mathbb{Q}e_\varphi)_0 \cong \mathbb{Q}X \oplus \ker(\mathrm{Tr}_\infty)$$

$$\mathbb{Q}\log_\infty U \cong \mathbb{Q}U \oplus \ker(\exp_\infty) .$$

On a alors envie de poser $g = f \oplus (\frac{\nu}{2\pi i})^{-1}$, relativement à ces décompositions. Ceci est loisible, car

$$\frac{\nu}{2\pi i}(\ker(\exp_\infty)) = \frac{\nu}{2\pi i}(\log_\infty 1) \subset \sum_\varphi \mathbb{Q}(e_\varphi - e_{\bar\varphi}) \subset \ker(\mathrm{Tr}_\infty) ,$$

d'après 8.5.

<u>Pour le reste de la démonstration du théorème</u> 8.4, on suppose que le sous-corps E de $\mathbb{C}$ est galoisien sur $\mathbb{Q}$ et qu'il contient les corps conjugués φK . On choisit f et g comme dans 8.6, de sorte qu'on trouve bien $gK_o \subset E\log_\infty U$, car $K_o \subset \sum Ee_\varphi$ et, pour tout φ ,

$g(e_\varphi) \in \mathbb{Q} \log_\infty U$.

Le lemme suivant explicite l'intérêt de la construction de g donnée en 8.6.

8.7 LEMME.

(i) $\det(\mu\circ g\ ,\ \mathrm{Hom}_G(V,\mathbb{C}K_o)) = (2\pi i)^{a_3(\chi)}.\delta(\bar{\chi},\lambda\circ f)$, où

$a_3(\chi) = r_2(k)\chi(1) + \sum_{v|\infty} \operatorname{codim} V^{G_w}$ (voir 0.6.1), $\bar{\chi}$ est le conjugué complexe du caractère χ , et δ est défini comme avant 6.3.

(ii) Pour tout $\alpha \in \mathrm{Gal}(E/\mathbb{Q})$ - autrement dit : pour chaque plongement α de E dans $\mathbb{C}$ - on a $g^\alpha = g\circ\tilde{\alpha}^{-1}$, où $\tilde{\alpha}$ est l'automorphisme $\mathbb{C}$-linéaire de $\mathbb{C}K$ envoyant e_φ sur $e_{\alpha\varphi}$.

(iii) Pour tout $\alpha \in \mathrm{Gal}(E/\mathbb{Q})$,

$\det(\mu\circ g^\alpha\ ,\ \mathrm{Hom}_G(V^\alpha,\mathbb{C}K_o)) = \det(\mu\circ g\ ,\ \mathrm{Hom}_G(V^\alpha,\mathbb{C}K_o)).\delta(\chi^\alpha,\alpha^{-1})$,

où $\delta(\chi^\alpha,\alpha^{-1}) = \det(\tilde{\alpha}^{-1},\mathrm{Hom}_G(V^\alpha,\mathbb{C}K))$.

DÉMONSTRATION. On a (cf. la démonstration de 3.4) :

$$\begin{aligned} a_3(\chi) &= [k:\mathbb{Q}]\chi(1) - \sum_{v|\infty} \dim V^{G_w} \\ &= \langle \chi, [k:\mathbb{Q}]1_G - \sum_{v|\infty} \mathrm{Ind}_{G_w}^G 1_{G_w} \rangle_G \\ &= \dim \mathrm{Hom}_G(V,\mathbb{C}\ker(\mathrm{Tr}_\infty)) \ . \end{aligned}$$

(i) en résulte aisément, en prenant V comme dual d'une réalisation de $\bar{\chi}$.

Quant à (ii), on note simplement que, pour $x \in K_o$,

$$g(x) = \sum_\varphi \varphi(x)\ g(e_\varphi) = \sum_\varphi \alpha\varphi(x)\ g(e_{\alpha\varphi}) = g^\alpha\circ\tilde{\alpha}(x)\ .$$

Compte tenu du fait que $\tilde{\alpha}$ agit trivialement sur $\mathbb{C}K/\mathbb{C}K_o \cong \mathbb{C}$, (iii) se déduit immédiatement de (ii).

Nous sommes alors en mesure d'expliciter <u>le lien entre les conjectures</u> 5.4 <u>et</u> 8.2 :

Pour chaque $\alpha : E \hookrightarrow \mathbb{C}$, posons

$$A_1(\chi^\alpha, g^\alpha) = \frac{\det(\mu \circ g^\alpha, \mathrm{Hom}_G(V^\alpha, \mathbb{C}K_o))}{c_1(\chi^\alpha)} .$$

D'après 0.6.8 et 8.7, on trouve alors, avec la notation de 5.1 - noter que $E \subset \mathbb{C}$ et que f est rationnel sur $\mathbb{Q}$, selon 8.6 - l'identité à un rationnel non-nul près (qui ne dépend pas de α !) :

$$A_1(\chi^\alpha, g^\alpha) \underset{\mathbb{Q}^*}{\sim} A(\chi^\alpha, f)\ \tau(\chi^\alpha)\ (\sqrt{d_k})^{\chi(1)}.\delta(\chi^\alpha, \alpha^{-1}) .$$

En remplaçant χ par $\chi^{\alpha^{-1}}$, l'équivalence des deux conjectures s'exprime donc par la formule (noter que $\delta(\chi^\alpha, \mathrm{id}_E^{-1}) = 1$) :

$$\delta(\chi, \alpha^{-1}) = \frac{\tau(\chi^{\alpha^{-1}})^\alpha}{\tau(\chi)} . \sqrt{d_k}^{(\alpha-1)\chi(1)}$$ (cf. 0.6.6 pour

la définition de $\sqrt{d_k}$!). C'est le moment de citer le théorème de Fröhlich suivant - voir [MaD], Th. 7.2, p. 50 - :

$$\tau(\chi^{\alpha^{-1}})^\alpha = \tau(\chi).\det_\chi(\mathrm{Ver}\ \alpha) ,$$

où $\mathrm{Ver} : \mathrm{Gal}(E/\mathbb{Q}) \longrightarrow G^{ab}$ - $G = \mathrm{Gal}(K/k)$ - désigne la "Verlagerungsabbildung" (transfert - cf. [SCL], VII, §8) $\mathrm{Gal}(E/\mathbb{Q}) \longrightarrow \mathrm{Gal}(E/k)^{ab}$ suivie par la restriction à K , relative à un plongement fixé $\varphi_o : K \hookrightarrow E \subset \mathbb{C}$; et $\det_\chi$ est le déterminant de n'importe quelle réalisation de χ .

Reste donc à démontrer :

8.8 $$\delta(\chi, \alpha^{-1}) = \det_\chi(\mathrm{Ver}\ \alpha)\ \sqrt{d_k}^{(\alpha-1)\chi(1)} .$$

C'est pour simplifier la démonstration de cette formule que nous supposons maintenant que $k = \mathbb{Q}$ (voir 7.1 et 7.2). Nous aurions pu supposer cela dès le début de la démonstration de 8.4, mais il semblait souhaitable d'exhiber le mécanisme de l'équation fonctionnelle en toute généralité.

Dans ce cas, 8.8 se lit :

8.9 $$\det(\tilde{\alpha}^{-1}, \mathrm{Hom}_G(V, \mathbb{C}K)) = \det_\chi(\alpha_o) ,$$

où $\alpha_o = \alpha_{|K} \in G$, K étant considéré comme sous-corps de E au moyen de $\varphi_o : K \hookrightarrow E \subset \mathbb{C}$, de sorte que $\alpha \circ \varphi_o = \varphi_o \alpha_o \in G$.

Or, $\mathbb{C}K = \mathbb{C}^{\mathrm{Hom}(K,\mathbb{C})}$ est la représentation régulière de $G : \mathbb{C}K = \bigoplus_\varphi \mathbb{C}e_\varphi$; $\sigma e_\varphi = e_{\varphi\sigma^{-1}}$, pour $\sigma \in G = \mathrm{Gal}(K/\mathbb{Q})$.

Pour chaque $\varphi : K \hookrightarrow \mathbb{C}$ et $f \in \mathrm{Hom}(V, \mathbb{C}K)$, notons f_φ la e_φ-composante de l'application f . L'application $f \longmapsto f_{\varphi_o}$ est évidemment un isomorphisme entre $\mathrm{Hom}_G(V, \mathbb{C}K)$ et $\mathrm{Hom}_{\mathbb{C}}(V, \mathbb{C}) = V^*$. En fait, f étant invariant par G , on a $f_\varphi = f_{\varphi_o} \circ \sigma$, pour $\sigma = \varphi_o^{-1}\varphi \in G$.

Avec toutes ces normalisations, on a

$$(\tilde{\alpha}^{-1} \circ f)_{\varphi_o} = f_{\alpha \circ \varphi_o} = f_{\varphi_o \alpha_o} = f_{\varphi_o} \circ \alpha_o \ ;$$

c'est-à-dire que l'action de $\tilde{\alpha}^{-1}$ sur $\mathrm{Hom}_G(V, \mathbb{C}K) \cong V^*$ s'identifie à l'application transposée de l'élément α_o de G agissant sur V . L'égalité 8.9 en résulte.

§9. DU CÔTÉ DE CHEZ STARK

Dans l'introduction de [St II], Stark énonce une conjecture du même type que 5.1 plus haut, mais sous une "forme vague". Nous allons comparer brièvement sa construction du régulateur "$R(\chi, \varepsilon)$" à celle donnée au §4.

En fait, nous allons nous faciliter beaucoup le travail en supposant que les deux hypothèses suivantes sont satisfaites :

9.1 $$k = \mathbb{Q} .$$

9.2 χ ne contient pas de composante triviale 1_G .

On peut toujours supposer 9.1 : pour notre régulateur, grâce à 6.4 (cf. 7.2), et dans le cadre de Stark, d'après les calculs explicites à la fin du §4 de [St II]. Quant à

9.2, remarquons simplement que, pour le caractère trivial, notre régulateur donne bien le régulateur classique qu'il faut (voir 2.2, II.1.1) et que nos régulateurs sont additifs : 6.4, (1).

Soient donc $K/\mathbb{Q}$ une extension galoisienne finie de groupe G, χ un caractère complexe de G et V une réalisation complexe de χ. Comme toujours dans ces notes (voir 0.3.4), le groupe G agit <u>à gauche</u> (même si nous écrivons parfois a^{σ} au lieu de σa). Stark, dans [St II], fait opérer G à droite, c'est-à-dire qu'il travaille avec le groupe G^{opp}, l'opposé de G. Par conséquent, si $\sigma \longmapsto A(\sigma)$, $\sigma \in G$, est une représentation matricielle de notre G, alors

$$\sigma \longmapsto A'(\sigma) = \text{la transposée de la matrice } A(\sigma)$$

est la représentation correspondante dans le cadre de Stark. Les deux ont même caractère, donc aussi la même fonction L.

Soient $\{e_i\}$ une base de V et $A(\sigma) = (a_{ij}(\sigma))$ la représentation matricielle de G définie par

$$\sigma e_j = \sum_i a_{ij}(\sigma) e_i .$$

On a donc $A(\sigma\tau) = A(\sigma)A(\tau)$.

Notons $\tau \in G$ l'automorphisme induit par la conjugaison complexe par rapport à un plongement φ_o - fixé une fois pour toutes - de K dans $\mathbb{C}$. Pour tout $\sigma \in G$, le conjugué complexe du plongement $\varphi_o \circ \sigma$ est donc $\varphi_o \circ \tau\sigma$. On suppose que la base $\{e_i\}$ a été choisie de sorte que l'on ait

$$A(\tau) = \begin{pmatrix} 1_a & 0 \\ 0 & -1_b \end{pmatrix}, \text{ avec } a = a(\chi) = \tfrac{1}{2}(\chi(1)+\chi(\tau)),$$

(c'est le $r(\chi)$ du §3, pour $S = S_{\infty}$) et $b = b(\chi) = \frac{1}{2}(\chi(1)-\chi(\tau))$.

Enfin, $G_o = \langle\tau\rangle$ désigne le groupe de décomposition de la place w_o à l'infini de K déterminée par φ_o. Il est d'ordre 1 ou 2.

D'après un théorème de Minkowski (voir [Min]), il existe une unité ε de K telle que $\varepsilon^{\tau} = \varepsilon$ et que l'unique relation entre les ε^{σ}, pour $\sigma \in G/G_o$, est celle de la norme : $\prod_{\sigma \in G/G_o} \varepsilon^{\sigma} = \pm 1$. (C'est l'hypothèse 9.1 qui nous évite de manipuler des "systèmes d'unités d'Artin" : [St II], lemme 6). Alors le régulateur introduit par Stark - sous l'hypothèse 9.2 - s'écrit ([St II], p. 62 ou 74) :

9.3
$$\begin{cases} R(\chi,\varepsilon) = \det_{1 \leqslant i,j \leqslant a} \left(\sum_{\sigma \in G} a'_{ij}(\sigma) \log|\varepsilon^{\sigma}| \right) \\ \quad = |G_o|^a . \det_{1 \leqslant i,j \leqslant a} \left(\sum_{\sigma \in G/G_o} a'_{ij}(\sigma) \log|\varepsilon^{\sigma}| \right) . \end{cases}$$

Ici, les $a'_{ij}(\sigma) = a_{ji}(\sigma)$ sont les coefficients de la matrice transposée $A'(\sigma)$ de $A(\sigma)$.

Posons $S = \{\infty\}$ et $f_{\varepsilon} : \mathbb{Q}X \xrightarrow{\sim} \mathbb{Q}U$ l'application induite par le G-homomorphisme

$$\tilde{f}_{\varepsilon} : Y \longrightarrow U \quad \text{tel que} \quad \tilde{f}_{\varepsilon}(\sigma w_o) = \varepsilon^{\sigma} .$$

On va montrer que

9.4
$$R(\chi,\varepsilon) = |G_o|^a \, R(\chi,f_{\varepsilon}) .$$

Dans la définition de notre régulateur :

4.5
$$R(\chi,f_{\varepsilon}) = \det((\lambda \circ f_{\varepsilon})_V, \mathrm{Hom}_G(V^*,\mathbb{C}X)) ,$$

remplaçons $\mathrm{Hom}_G(V^*,\mathbb{C}X)$ par $(V \otimes_{\mathbb{C}} \mathbb{C}X)^G$ (cf. la démonstration de 3.4) et ensuite $\mathbb{C}X$ par $\mathbb{C}Y$: en fait, G agit trivialement sur $\mathbb{C}Y/\mathbb{C}X \cong \mathbb{C}$ et $(V \otimes \mathbb{C})^G = 0$, à cause de 9.2. D'où la formule

9.5
$$R(\chi,f_{\varepsilon}) = \det(1 \otimes (\lambda \circ \tilde{f}_{\varepsilon}), (V \otimes \mathbb{C}Y)^G) .$$

Or, $(V \otimes \mathbb{C}Y)^G$ est l'espace formé des expressions $x = \sum_{\sigma \in G/G_o} x_{\sigma} \otimes \sigma w_o$ telles que $x_1 \in V^{G_o}$ et que $x_{\sigma} = \sigma x_1$, tout $\sigma \in G/G_o$. Soit $\Phi : (V \otimes \mathbb{C}Y)^G \xrightarrow{\sim} V^{G_o}$ l'isomorphisme défini par $\Phi(x) = x_1$. Les $\{e_j : j = 1,\ldots,a\}$ forment une base de V^{G_o}. Par un calcul simple, on trouve pour un tel

e_j :

$$\Phi\circ(1\otimes(\lambda\circ\tilde{f}_\varepsilon))\circ\Phi^{-1}(e_j) = \sum_i \sum_{\sigma\in G/G_o} a_{ij}(\sigma)\log|\varepsilon^\sigma|_{w_o}.e_i .$$

La matrice donnant l'action de $\lambda\circ\tilde{f}_\varepsilon$ est donc <u>la transposée</u> de la deuxième qu'on a utilisée dans 9.3. Ceci achève la démonstration de 9.4.

Notons que le rationnel $|G_o|^a$ dans 9.2 n'a aucune importance pour la conjecture de Stark - et qu'on peut d'ailleurs le faire disparaître par un changement de f .

CHAPITRE II : CARACTÈRES A VALEURS RATIONNELLES

Le but de ce chapitre est de montrer que la conjecture de Stark est vraie pour un caractère χ qui prend ses valeurs dans $\mathbb{Q}$, c'est-à-dire que pour un tel caractère, si $f : X \hookrightarrow U$ est un G-homomorphisme, on a $A(\chi, f) \in \mathbb{Q}$. Parmi les caractères à valeurs dans $\mathbb{Q}$ on trouve ceux des représentations réalisables sur $\mathbb{Q}$, et en particulier les caractères de permutation, c'est-à-dire les combinaisons linéaires à coefficients dans $\mathbb{Z}$ de caractères de la forme $\mathrm{Ind}_H^G 1_H$ induits par le caractère trivial de sous-groupes H de G. Pour un caractère de permutation, la conjecture de Stark se réduit immédiatement, grâce aux propriétés d'additivité et d'induction I.7.1, au cas de la représentation triviale, cas que nous traitons au §1 grâce à la formule classique I.1.1 donnant le résidu de la fonction ζ_k au point 1.

On sait que tout caractere χ à valeurs dans $\mathbb{Q}$ a un multiple qui est un caractère de permutation. On en déduit que $A(\chi, f)$ a une puissance dans $\mathbb{Q}$; c'est ce que fait Stark dans [St II].

On peut en fait ramener au cas des caractères de permutation la démonstration du fait que $A(\chi, f) \in \mathbb{Q}$, grâce à une combinaison de la théorie cohomologique du corps de classes et des résultats de Swan sur les représentations de G sur $\mathbb{Z}$. C'est à cette opération qu'est consacrée toute la suite du chapitre.

Ces méthodes cohomologiques et les résultats de Swan ont été utilisés par Ono [Ono] en 1963 pour démontrer que le nombre de Tamagawa d'un tore T est rationnel. Si T est défini sur k et déployé sur K, extension galoisienne de k, avec $G = \mathrm{Gal}(K/k)$, alors le module M des caractères de T fournit une représentation de G sur $\mathbb{Z}$. En fait, toute représentation de G sur $\mathbb{Z}$ est obtenue de cette manière. La fonction $L(s,\mathbb{C}M)$ intervenant dans la définition du nombre de Tamagawa du tore T, il y a sans doute une relation entre ce dernier et notre $A(\mathbb{C}M,f)$ de sorte que le travail d'Ono peut s'interpréter comme une démonstration de la conjecture de Stark pour une représentation de la forme $\mathbb{C}M$, c'est-à-dire pour toute représentation réalisable sur $\mathbb{Q}$. Le fait qu'on n'a pas besoin de choisir un f résulte de ce que l'on part d'une représentation M de G sur $\mathbb{Z}$ et non de la représentation $\mathbb{Q}M$ de G sur $\mathbb{Q}$.

Plus tard, Lichtenbaum [Lic] a défini, pour toute représentation M de G sur $\mathbb{Z}$, un "régulateur" canonique $R(M)$ à l'aide de la cohomologie étale, et a montré que

$$L(s,\mathbb{C}M) = R(M).E(M).s^{r(\mathbb{C}M)} + \mathcal{O}(s^{r(\mathbb{C}M)+1})$$

au voisinage de $s=0$, où $E(M)$ est une caractéristique d'Euler-Poincaré multiplicative définie à partir de la cohomologie étale d'un faisceau $\varphi_! j_* M$ associé à M.

Pour en revenir aux caractères χ à valeurs dans $\mathbb{Q}$, T. Chinburg, qui a suggéré l'énoncé 7.3 plus fort que $A(\chi,f) \in \mathbb{Q}$, a récemment (voir [Chb]) fait la comparaison entre notre régulateur $R(\chi,f)$ et le $R(M)$ de Lichtenbaum, ou plutôt le $R(M,A,B)$ de Lichtenbaum-Bienenfeld (voir [Bie]). En utilisant les résultats de Lichtenbaum-Bienenfeld, il en a tiré une autre démonstration de $A(\chi,f) \in \mathbb{Q}$.

§1. MÉTHODES ÉLÉMENTAIRES

Les notations sont celles des §§1-5 du chapitre I. Commençons par préciser en quoi la conjecture de Stark généralise I.2.2.

1.1 PROPOSITION. <u>La conjecture de Stark est vraie pour le caractère trivial</u> 1. <u>Plus précisément</u>, <u>si</u> $K=k$ <u>et</u> f <u>une</u>

<u>injection de</u> X <u>dans</u> U, <u>alors</u> :

$$A(1,f) = \pm \frac{[U : f(X)]}{h_S} \in \mathbb{Q}$$

<u>où</u> h_S <u>est le nombre de classes d'idéaux de l'anneau</u> $\mathcal{O}_S$ <u>des</u> S-<u>entiers</u> <u>de</u> k (voir 0.0.1).

Notons que l'hypothèse $K=k$ n'est pas restrictive, grâce à I.7.1.

DÉMONSTRATION. Fixons une place v_o de S, on a la décomposition

$$X = \bigoplus_{v\in S\setminus\{v_o\}} \mathbb{Z}(v-v_o) .$$

Notons $\varepsilon_v = f(v-v_o)$. On a donc

$$\lambda\circ f(v-v_o) = \lambda\varepsilon_v = \sum_{v'\in S} \log |\varepsilon_v|_{v'} .v' = \sum_{v'\in S-\{v_o\}} \log |\varepsilon_v|_{v'} (v'-v_o)$$

et

$$\begin{aligned} R(1,f) &= \det((\log |\varepsilon_v|_{v'}))_{v,v'\in S\setminus\{v_o\}} \\ &= \pm R_S.[U : f(X).\mu(k)] \\ &= \pm \frac{R_S[U : f(X)]}{e} \end{aligned}$$

où R_S est le régulateur des S-unités de k, $\mu(k)$ le groupe des racines de l'unité dans k et e leur nombre (voir I §2).

On a vu d'autre part en I.2.2 que

$$c(1) = - \frac{h_S R_S}{e} ,$$

d'où la proposition.

D'après I.7.1, la conjecture de Stark est donc encore vraie pour tout caractère de permutation et toute combinaison linéaire à coefficients entiers de caractères de permutation ce qui donne une première indication sur les caractères à valeurs rationnelles grâce au théorème suivant dû à Artin (voir [ArL] §1).

1.2 THÉORÈME. <u>Soient</u> G <u>un groupe fini et</u> χ <u>un caractère virtuel de</u> G <u>tel que</u> $\chi(G)\subset\mathbb{Q}$. <u>Il existe un entier naturel non nul</u> m <u>et des entiers rationnels</u> n_H <u>tels que</u>

$$m\chi = \sum_H n_H \, \mathrm{Ind}_H^G 1_H \,,$$

<u>où</u> H <u>parcourt les sous-groupes de</u> G .

1.3 COROLLAIRE. <u>Avec les notations du théorème et</u> f <u>défini sur</u> $\mathbb{Q}$ <u>on a</u> $A(\chi,f)^m \in \mathbb{Q}$.

DÉMONSTRATION DU THÉORÈME. Soit n un exposant du groupe G . Tout caractère de G prend ses valeurs dans le corps cyclotomique $K = \mathbb{Q}(e^{\frac{2i\pi}{n}})$. Si a est un entier premier à n et σ_a l'automorphisme de K qui envoie toute racine de l'unité ζ de K sur ζ^a , on a pour tout g dans G

$$\chi(g^a) = \chi(g)^{\sigma_a} = \chi(g) \; .$$

On en déduit que χ est constant sur l'ensemble des générateurs d'un même sous-groupe cyclique de G . L'espace E des fonctions centrales sur G qui vérifient cette propriété contient l'espace engendré par les caractères $\mathrm{Ind}_H^G 1_H$. S'il était strictement plus grand, il existerait une fonction centrale $h : G \longrightarrow \mathbb{C}$ constante sur l'ensemble des générateurs d'un même groupe cyclique et orthogonale à tous les $\mathrm{Ind}_H^G 1_H$. Soit alors $g \in G$ un élément d'ordre minimal tel que $h(g) \neq 0$ s'il en existe et C le sous-groupe de G engendré par C . On a (0.3.2) :

$$\begin{aligned} 0 = \langle h, \mathrm{Ind}_C^G 1_C \rangle_G &= \langle h_{|C}, 1_C \rangle_C \\ &= \frac{1}{\mathrm{Card}\, C} \sum_{g' \text{ engendre } C} h(g') \\ &= h(g) . \frac{\varphi(\mathrm{Card}\, C)}{\mathrm{Card}\, C} \; . \end{aligned}$$

On en déduit que la fonction h est nulle et que les deux espaces coïncident. On peut donc écrire

$$\chi = \sum_H \alpha_H \, \mathrm{Ind}_H^G 1_H$$

où les α_H sont a priori des nombres complexes, mais χ et $\mathrm{Ind}_H^G 1_H$ prenant leurs valeurs dans $\mathbb{Q}$, on peut remplacer les α_H par leur image par n'importe quel projecteur

$\mathbb{Q}$-linéaire de $\mathbb{C}$ sur $\mathbb{Q}$. En multipliant par un dénominateur commun m des α_H, on a le théorème.

1.4 REMARQUE. La démonstration fait clairement apparaître que le théorème reste vrai si l'on impose aux sous-groupes H d'être cycliques. D'autre part, on peut montrer que m peut être pris égal à l'ordre de G.

§2. UN EXEMPLE

Dans le théorème précédent, on ne peut pas toujours prendre $m = 1$. Par exemple, si G est le groupe quaternionien

$$G = \{1, \tau, i, \tau i, j, \tau j, k, \tau k\}$$

la table des caractères de G est la suivante

	1	τ	$\{i, \tau i\}$	$\{j, \tau j\}$	$\{k, \tau k\}$
$1 = \chi_o$	1	1	1	1	1
χ_i	1	1	1	-1	-1
χ_j	1	1	-1	1	-1
χ_k	1	1	-1	-1	1
φ	2	-2	0	0	0

On a bien $2\varphi = \mathrm{Ind}_{\{1\}}^{G} 1 - \mathrm{Ind}_{G_o}^{G} 1$, où $G_o = \{1, \tau\}$ est le centre de G, mais φ lui-même n'est pas combinaison linéaire à coefficients dans $\mathbb{Z}$ de caractères de permutation. Si donc K/k est une extension quaternionienne et f une injection G-linéaire de X dans U, on a $A(\varphi, f)^2 \in \mathbb{Q}$ d'après le corollaire précédent. Nous allons montrer que $A(\varphi, f)^2$ est "presque" le carré d'un rationnel.

2.1 PROPOSITION. <u>Si</u> K/k <u>est une extension quadratique de groupe de Galois</u> $\{1, \tau\}$ <u>et</u> χ <u>est le caractère non trivial de</u> $\{1, \tau\}$, <u>pour toute injection</u> G-<u>linéaire</u> <u>de</u> X <u>dans</u> U, <u>on a</u>

$$A(\chi,f)=\pm\frac{h_{K,S}}{h_{k,S}}\;\frac{[U^{1-\tau}:f(X^-)^2]}{2^{\text{card } S-1}}$$

où $X^- = \{x\in X: x^\tau = -x\}$.

DÉMONSTRATION. Notons v_i $(1\leqslant i\leqslant n_1)$ les places de S qui sont décomposées dans K et w_i , w_i' $(1\leqslant i\leqslant n_1)$ leurs prolongements à K ; de même les autres places de S sont notées v_i $(n_1+1\leqslant i\leqslant n_1+n_2)$ et leur prolongement à K w_i $(n_1+1\leqslant i\leqslant n_1+n_2)$. On pose

$$X^- = \{x\in X : x^\tau = -x\} = Y^- = \bigoplus_{i=1}^{n_1} \mathbb{Z}(w_i-w_i') .$$

Alors $\operatorname{Hom}(V^*,\mathbb{C}X) \simeq \mathbb{C}X^-$.
Notons encore $\varepsilon_i = f(w_i-w_i')$ $(1\leqslant i\leqslant n_1)$
et L la matrice $((\operatorname{Log}|\varepsilon_i|_{w_j}))_{1\leqslant i,j\leqslant n_1}$. On trouve donc

$$\lambda\circ f(w_i-w_i') = \sum_{j=1}^{n_1} \operatorname{Log}|\varepsilon_i|_{w_j}(w_j-w_j')$$

et $$R(\chi,f) = \det L .$$

D'autre part, on a l'identité (0.2.7)

$$L_S(s,\chi) = \frac{\zeta_{K,S}(s)}{\zeta_{k,S}(s)}$$

donc $$c(\chi) = \frac{h_{K,S}}{h_{k,S}}\cdot\frac{e_k}{e_K}\cdot\frac{R_{K,S}}{R_{k,S}} \quad \text{(voir I.2.2).}$$

Choisissons maintenant un système $\{u_i\}_{1\leqslant i\leqslant n_1+n_2-1}$ d'unités fondamentales de $U_{k,S}$. Le régulateur $R_{k,S}$ est la valeur absolue du déterminant de la matrice obtenue à partir de

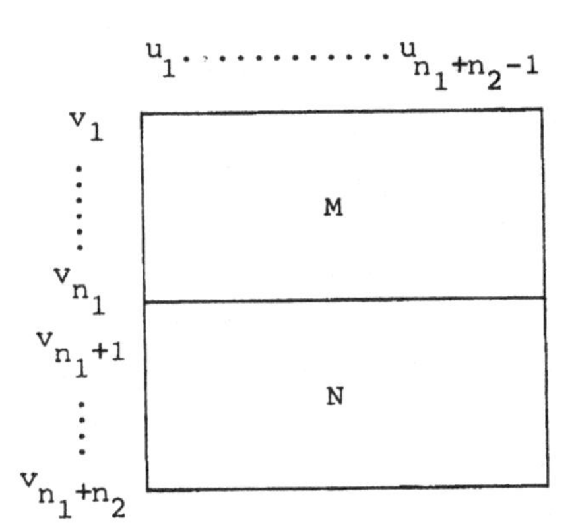

en supprimant une ligne. D'autre part $\{u_i, \varepsilon_j\}$ pour $1 \leqslant i \leqslant n_1+n_2-1$ et $1 \leqslant j \leqslant n_1$ est un système libre de rang maximal de U_K et son régulateur vaut $[U_K : U_k . f(X^-) . \mu(K)] . R_{K,S}$. Or le régulateur en question est la valeur absolue du déterminant obtenu en supprimant une ligne dans la matrice :

	$u_1 \ldots\ldots\ldots u_{n_1+n_2-1}$	$\varepsilon_1 \ldots\ldots \varepsilon_{n_1}$
$w_1 \ldots w_{n_1}$	M	L
$w'_1 \ldots w'_{n_1}$	M	-L
$w_{n_1+1} \ldots w_{n_1+n_2}$	2N	O

que l'on transforme en

M	L
2M	0
2N	0

et on voit que ce régulateur vaut

$$|\text{dét } L| . 2^{n_1+n_2-1} . R_{k,S} .$$

On a donc $\dfrac{R_{K,S}}{R_{k,S}} = \dfrac{2^{\text{card } S-1}}{[U_K : U_k . f(X^-) . \mu(K)]} \; |\text{dét } L|$.

L'indice au dénominateur peut aussi s'écrire

$$[U_K : U_k . f(X^-)] \frac{e_k}{e_K}$$

or l'homomorphisme $(1-\tau) : U_K \longrightarrow U_K$ a pour noyau U_k et l'image de $f(X^-)$ par cet homomorphisme est $f(X^-)^2$. On a donc

$$[U_K : U_k f(X^-)] = [U_K^{1-\tau} : f(X^-)^2]$$

d'où la proposition 2.1.

Revenons au cas quaternionien : 2φ étant induit par le caractère non trivial du centre $\{1,\tau\}$ de G , la formule 2.1 est valable pour $A(\varphi,f)^2$, à condition d'y remplacer k par le corps fixe F de τ . On a déjà vu en I.5.5 que $A(\varphi,f)$ est réel, donc $A(\varphi,f)^2$ est positif. D'autre part, si S est assez grand pour que $h_{K,S} = h_{F,S} = 1$, $A(\varphi,f)^2$ est le produit d'une puissance de 2 par le cardinal d'un G-module fini sur lequel τ agit comme -1 . Toutes ses valuations p-adiques seront donc paires pour $p \neq 2$ grâce au

2.2 LEMME. *Si M est un G-module fini sur lequel τ agit comme -1, et p un nombre premier impair, la valuation p-adique du cardinal de M est paire.*

DÉMONSTRATION. Par dévissage, on peut supposer que M est simple, annulé par p. C'est donc une représentation de G en caractéristique p première à l'ordre de G. Toute représentation de ce type se décompose sur la clôture algébrique de $\mathbb{F}_p$ en somme de représentations irréductibles, dont les caractères sont ceux écrits dans la table précédente. Un coup d'oeil à cette table montre que si τ agit par -1, M est un multiple de la représentation associée à φ et sa dimension est paire.

Malheureusement, il ne semble pas que ces méthodes "élémentaires" permettent de montrer que la valuation 2-adique de $A(\varphi,f)^2$ est paire. C'est pourquoi nous devrons faire appel à la théorie cohomologique du corps de classes aux paragraphes suivants.

§3. RAPPELS SUR LA COHOMOLOGIE DES GROUPES FINIS

Rappelons rapidement la définition des groupes de cohomologie modifiés. Le lecteur trouvera une introduction détaillée à la cohomologie des groupes dans [CF], ch. IV ou [SCL], ch. VII.

3.1 Soient G un groupe et A un G-module, ou, de manière équivalente, un module sur l'anneau $\mathbb{Z}[G]$. On note A^G (respectivement A_G) le plus grand sous-module (resp. module quotient) de A sur lequel G agit trivialement. On appelle groupes de cohomologie (resp. d'homologie) de G à coefficients dans A les foncteurs dérivés à droite (resp. à gauche) du foncteur A^G (resp. A_G). Si

$$0 \longrightarrow A' \longrightarrow A \longrightarrow A'' \longrightarrow 0$$

est une suite exacte de G-modules, on en déduit une suite exacte de cohomologie (resp. d'homologie)

$$0 \longrightarrow A'^G \longrightarrow A^G \longrightarrow A''^G \longrightarrow H^1(G,A') \longrightarrow H^1(G,A) \longrightarrow H^1(G,A'') \longrightarrow H^2(G,A') \longrightarrow \dots$$

respectivement

$$\dots \longrightarrow H_2(G,A'') \longrightarrow H_1(G,A') \longrightarrow H_1(G,A) \longrightarrow H_1(G,A'') \longrightarrow A'_G \longrightarrow A_G \longrightarrow A''_G \longrightarrow 0$$

et on note $H^o(G,A) = A^G$, $H_o(G,A) = A_G$.

3.2 Supposons désormais que le groupe G est fini. L'élément $N_G = \sum_{g\in G} g$ de $\mathbb{Z}[G]$ induit une application naturelle

$$\tilde{N}_G : A_G \longrightarrow A^G .$$

Avec les notations précédentes, on a alors le diagramme commutatif

$$\begin{array}{ccccccccccc} & & 0 & \longrightarrow & A'^G & \longrightarrow & A^G & \longrightarrow & A''^G & \longrightarrow & H^1(G,A) \longrightarrow \dots \\ & & \uparrow & & \uparrow \tilde{N}'_G & & \uparrow \tilde{N}_G & & \uparrow \tilde{N}''_G & & \uparrow \\ \dots \longrightarrow & & H_1(G,A'') & \longrightarrow & A'_G & \longrightarrow & A_G & \longrightarrow & A''_G & \longrightarrow & 0 \end{array}$$

Le lemme du serpent permet de connecter les deux suites exactes en une seule :

$$\dots \longrightarrow H_1(G,A'') \longrightarrow \operatorname{Ker} \tilde{N}'_G \longrightarrow \operatorname{Ker} \tilde{N}_G \longrightarrow \operatorname{Ker} \tilde{N}''_G \longrightarrow \operatorname{Coker} \tilde{N}'_G \longrightarrow \operatorname{Coker} \tilde{N}_G \longrightarrow \operatorname{Coker} \tilde{N}''_G \longrightarrow H^1(G,A') \longrightarrow \dots$$

et on définit les groupes de cohomologie modifiés $\hat{H}^r(G,A)$ pour tout r dans $\mathbb{Z}$ par les formules

$$\hat{H}^r(G,A) = H^r(G,A) \qquad \text{pour } r \geqslant 1$$

$$\hat{H}^o(G,A) = \operatorname{Coker} \tilde{N}_G$$

$$\hat{H}^{-1}(G,A) = \operatorname{Ker} \tilde{N}_G$$

$$\hat{H}^r(G,A) = H_{-1-r}(G,A) \quad \text{pour } r \leqslant -2$$

de sorte que l'on a une suite exacte longue liant les $\hat{H}^r(G,\ )$ pour r allant de $-\infty$ à $+\infty$.

§4. LES THÉORÈMES DE NAKAYAMA ET SWAN

4.1 DÉFINITION. _Un_ G-_module_ A _est dit cohomologiquement trivial si pour tout sous-groupe_ H _de_ G _et pour tout_ r _dans_ $\mathbb{Z}$ _on a_

$$\hat{H}^r(H,A) = 0 .$$

4.2 REMARQUE. Dans toute la suite, on ne considérera en fait que des G-modules de type fini (sur $\mathbb{Z}$ ou sur $\mathbb{Z}[G]$, ce qui revient au même car G est supposé fini).

4.3 THÉORÈME (Nakayama). _Pour un_ G-_module_ A _de type fini les propriétés suivantes sont équivalentes_

i) A _est_ $\mathbb{Z}$-_libre et cohomologiquement trivial_

ii) A _est_ $\mathbb{Z}[G]$-_projectif_.

Ce théorème se déduit du théorème 7 de [SCL], ch. IX. D'autre part on a le

4.4 THÉORÈME (Swan [SwP], Th. A). _Soient_ A _un_ $\mathbb{Z}[G]$-_module projectif de type fini, et_ m _un entier non nul, alors il existe un entier_ r _et un idéal_ $\mathfrak{A}$ _d'indice fini premier à_ m _dans_ $\mathbb{Z}[G]$ _tel que_

$$A \simeq \mathbb{Z}[G]^r \oplus \mathfrak{A} .$$

On déduit de 4.3 et 4.4 le résultat suivant (cf. [SCL], IX, Th. 8).

4.5 THÉORÈME. _Soient_ A _un_ G-_module de type fini cohomologiquement trivial et_ m _un entier non nul, alors il existe deux_ G-_modules_ P _et_ Q _du type décrit dans le théorème_ 4.4, _et une suite exacte_

$$0 \longrightarrow P \longrightarrow Q \longrightarrow A \longrightarrow 0 .$$

§5. LA COHOMOLOGIE DE U

Soit K/k une extension galoisienne finie de corps de nombres, de groupe G. Nous reprenons les notations de I§3 : rappelons en particulier que les groupes U et X sont définis à partir d'un ensemble fini S de places de k et qu'on note encore S_K l'ensemble des prolongements à K des places de S. Nous allons donner une idée de la démonstration du théorème suivant (cf. [TN]) :

5.1 THÉORÈME. <u>Si</u> S <u>contient les places ramifiées dans</u> K/k <u>et si le nombre de classes</u> h_{K,S_K} <u>vaut</u> 1, <u>alors il existe deux</u> G-<u>modules de type fini cohomologiquement triviaux</u> A <u>et</u> B <u>et une suite exacte</u>

$$0 \longrightarrow U \longrightarrow A \longrightarrow B \longrightarrow X \longrightarrow 0 .$$

DÉMONSTRATION. Notons $J_S = \prod_{w \in S_K} K_w^* \times \prod_{w \notin S_K} \mathcal{O}_w^*$ le groupe des S-idèles de K et C_K le groupe des classes d'idèles de K. Comme $h_{K,S_K} = 1$ on a une suite exacte :

$$(\underline{U}) \qquad 0 \longrightarrow U \longrightarrow J_S \xrightarrow{a} C_K \longrightarrow 0$$

dont on va relier la cohomologie à celle de I.3.3

$$(\underline{X}) \qquad 0 \longrightarrow X \longrightarrow Y \xrightarrow{b} \mathbb{Z} \longrightarrow 0 .$$

La théorie du corps de classes global dit que $\hat{H}^2(G,C_K)$ est cyclique de même ordre que G et fournit un générateur privilégié α_1 - dit classe fondamentale - de $\hat{H}^2(G,C_K) = \hat{H}^2(G,\mathrm{Hom}(\mathbb{Z},C_K))$.

Le cup produit par α_1 induit des isomorphismes

$$\hat{H}^r(G,\mathbb{Z}) \xrightarrow[\sim]{\cup\alpha_1} \hat{H}^{r+2}(G,C_K) \quad \text{pour tout } r \text{ dans } \mathbb{Z} .$$

De même, la théorie du corps de classes local dit que, pour toute place w de K, $\hat{H}^2(G_w,K_w^*)$ est cyclique de même ordre que G_w et fournit un générateur privilégié $\alpha_{2,w}$ - dit aussi classe fondamentale de $\hat{H}^2(G_w,K_w^*)$. Le cup-produit par $\alpha_{2,w}$ induit des isomorphismes

$$\hat{H}^r(G_w,\mathbb{Z}) \xrightarrow[\sim]{\cup\alpha_{2,w}} \hat{H}^{r+2}(G_w,K_w^*) \quad \text{pour tout } r \text{ dans } \mathbb{Z}.$$

Choisissons, pour chaque v dans S, un prolongement w dans S_K. Alors

$$Y = \bigoplus_{v\in S} \operatorname{Ind}_{G_w}^{G} \mathbb{Z}$$

et le lemme de Shapiro ([CF], IV, prop. 2) donne

$$\hat{H}^r(G,\operatorname{Hom}(Y,J_S)) \simeq \prod_{v\in S} \hat{H}^r(G_w,J_S) \quad \text{pour tout } r \text{ dans } \mathbb{Z}.$$

Or, pour chaque v, $\hat{H}^r(G_w,I_S)$ contient $\hat{H}^r(G_w,K_w^*)$ comme facteur direct. Il existe donc un élément α_2 de $\hat{H}^2(G,\operatorname{Hom}(Y,J_S))$ et un seul dont la projection sur le facteur $\hat{H}^2(G_w,J_S)$ correspondant à v est la classe canonique $\alpha_{2,w}$ de $\hat{H}^2(G_w,K_w^*)$. On peut montrer que α_2 ne dépend pas des choix faits pour les prolongements w de v. On a alors un diagramme commutatif :

$$\begin{array}{ccc} \hat{H}^r(G,Y) & \xrightarrow{\sim} & \prod_{v\in S} \hat{H}^r(G_w,\mathbb{Z}) \\ \downarrow{\scriptstyle \cup\alpha_2} & & \wr\downarrow{\scriptstyle \cup\prod_v \alpha_{2,w}} \\ \hat{H}^{r+2}(G,J_S) & \xrightarrow{\sim} & \prod_{v\in S} \hat{H}^{r+2}(G_w,K_w^*) \end{array} \qquad \text{pour tout } r \text{ dans } \mathbb{Z}$$

la flèche supérieure est bijective d'après le lemme de Shapiro ; celle de droite l'est d'après la théorie du corps de classes local et la flèche inférieure l'est parce que S contient les places ramifiées dans K/k et que $\hat{H}^r(G_w,\mathcal{O}_w^*) = 0$ si w/v n'est pas ramifié. Le cup-produit par α_2 induit donc des isomorphismes

$$\hat{H}^r(G,Y) \xrightarrow[\sim]{\cup\alpha_2} \hat{H}^{r+2}(G,J_S) \quad \text{pour tout } r \text{ dans } \mathbb{Z}.$$

Notons maintenant $\operatorname{Hom}((\underline{X}),(\underline{U}))$ le G-module formé des triplets d'homomorphismes compatibles entre les termes des suites $(\underline{X})$ et $(\underline{U})$. Comme Y est $\mathbb{Z}$-libre, on a une suite exacte de G-modules :

$$0 \longrightarrow \mathrm{Hom}((\underline{X}),(\underline{U})) \longrightarrow \mathrm{Hom}(\mathbb{Z},C_K) \times \mathrm{Hom}(Y,J_S) \xrightarrow{a-b} \mathrm{Hom}(Y,C_K) \to 0$$

Le lemme de Shapiro donne encore

$$\hat{H}^1(G,\mathrm{Hom}(Y,C_K)) \simeq \prod_{v\in S} \hat{H}^1(G_w,C_K) = 0$$

d'où la suite exacte de cohomologie

$$0 \longrightarrow \hat{H}^2(G,\mathrm{Hom}((\underline{X}),(\underline{U}))) \longrightarrow \hat{H}^2(G,\mathrm{Hom}(\mathbb{Z},C_K)) \times \hat{H}^2(G,\mathrm{Hom}(Y,J_S))$$

$$\xrightarrow{(a-b)} \hat{H}^2(G,\mathrm{Hom}(Y,C_K))$$

et la relation entre les théories locale et globale du corps de classes donne

$$a(\alpha_1) = b(\alpha_2) .$$

On en déduit l'existence d'un élément α_3 de $\hat{H}^2(G,\mathrm{Hom}(X,\mathcal{U}))$ induisant un diagramme commutatif

$$\begin{array}{ccccccccc}
\cdots \longrightarrow & \hat{H}^r(G,X) & \longrightarrow & \hat{H}^r(G,Y) & \longrightarrow & \hat{H}^r(G,\mathbb{Z}) & \longrightarrow & \hat{H}^{r+1}(G,X) & \to \cdots \\
5.2 & \downarrow \cup\alpha_3 & & \downarrow \cup\alpha_2 & & \downarrow \cup\alpha_1 & & \downarrow \cup\alpha_3 & \\
\cdots \longrightarrow & \hat{H}^{r+2}(G,\mathcal{U}) & \longrightarrow & \hat{H}^{r+2}(G,J_S) & \longrightarrow & \hat{H}^{r+2}(G,C_K) & \longrightarrow & \hat{H}^{r+3}(G,\mathcal{U}) & \to \cdots
\end{array}$$

Les flèches notées $\cup\alpha_1$ et $\cup\alpha_2$ sont bijectives : il en est donc de même pour les flèches notées $\cup\alpha_3$.

Soit maintenant $0 \longrightarrow X' \longrightarrow B' \longrightarrow B \longrightarrow X \longrightarrow 0$ une suite exacte de G-modules avec B et B' $\mathbb{Z}[G]$-libres de type fini. Tous ces modules étant $\mathbb{Z}$-libres, la suite

$$0 \longrightarrow \mathrm{Hom}(X,U) \longrightarrow \mathrm{Hom}(B,U) \longrightarrow \mathrm{Hom}(B',U) \longrightarrow \mathrm{Hom}(X',U) \longrightarrow 0$$

est encore exacte. Or B et B' étant libres, les modules Hom(B,U) et Hom(B',U) sont induits ([CF],IV,§1 et 6) et donc cohomologiquement triviaux. Ceci donne des isomorphismes

$\hat{H}^r(G,\mathrm{Hom}(X',U)) \simeq \hat{H}^{r+2}(G,\mathrm{Hom}(X,U))$ pour tout r dans $\mathbb{Z}$.

Notons α un représentant dans $\mathrm{Hom}_G(X',U)$ de l'image réciproque de α_3 par cet isomorphisme dans le cas $r = 0$. On a des isomorphismes

$$\hat{H}^r(G,X') \xrightarrow[\sim]{\upsilon\alpha} \hat{H}^r(G,U) \quad \text{pour tout } r \text{ dans } \mathbb{Z}.$$

En remplaçant au besoin X' et B' par $X' \oplus L$ et $B' \oplus L$ où L est un $\mathbb{Z}[G]$-module libre de type fini, on peut supposer que α est surjectif et on a une suite exacte

$$0 \longrightarrow \text{Ker } \alpha \longrightarrow X' \xrightarrow{\alpha} U \longrightarrow 0 .$$

Les isomorphismes précédents montrent alors que $\text{Ker } \alpha$ est cohomologiquement trivial : il en est donc de même de $A = B'/\text{Ker } \alpha$ et la suite exacte voulue

$$0 \longrightarrow U \longrightarrow A \longrightarrow B \longrightarrow X \longrightarrow 0$$

s'en déduit.

5.3 REMARQUE. En réalité, pour montrer que A est cohomologiquement trivial il aurait fallu remplacer G par n'importe lequel de ses sous-groupes dans l'étude précédente, ce que nous n'avons pas fait pour alléger l'écriture.

§6. LA CATEGORIE $\mathfrak{M}$

6.1 Les notations sont celles du paragraphe précédent. Notons $\mathfrak{M}$ la catégorie des G-modules $\mathbb{Z}$-libres de type fini. Nous allons étudier la conjecture de Stark pour une représentation de la forme $\mathbb{C}M$, pour un objet M de $\mathfrak{M}$.

Pour M dans $\mathfrak{M}$ la suite

$$0 \longrightarrow \text{Hom}(M,U) \longrightarrow \text{Hom}(M,A) \longrightarrow \text{Hom}(M,B) \longrightarrow \text{Hom}(M,X) \longrightarrow 0$$

induite par celle obtenue au §5 est encore exacte. D'autre part, les G-modules $\text{Hom}(M,A)$ et $\text{Hom}(M,B)$ sont eux aussi cohomologiquement triviaux (cf. [SCL], IX, Th. 9) et N_G induit des isomorphismes

$$\text{Hom}(M,A)_G \xrightarrow[\sim]{\tilde{N}_G} \text{Hom}(M,A)^G$$

$$\text{Hom}(M,B)_G \xrightarrow[\sim]{\tilde{N}_G} \text{Hom}(M,B)^G$$

qui permettent de connecter les deux suites exactes

$$\begin{array}{ccccccc} & & \mathrm{Hom}(M,A)_G & \longrightarrow & \mathrm{Hom}(M,B)_G & \longrightarrow & \mathrm{Hom}(M,X)_G \longrightarrow 0 \\ & & \downarrow \tilde{N}_G & & \downarrow \tilde{N}_G & & \\ 0 \longrightarrow \mathrm{Hom}(M,U)^G & \longrightarrow & \mathrm{Hom}(M,A)^G & \longrightarrow & \mathrm{Hom}(M,B)^G & & \end{array}$$

(et devant la seconde ligne)

en une seule :

$$0 \longrightarrow \mathrm{Hom}(M,U)^G \longrightarrow \mathrm{Hom}(M,A)^G \longrightarrow \mathrm{Hom}(M,B)_G \longrightarrow \mathrm{Hom}(M,X)_G \longrightarrow 0 .$$

Enfin, si M' est un sous-objet de M , les suites exactes relatives à M et M' sont reliées par des homomorphismes

$$\mathrm{Hom}(M,.) \xrightarrow{\varphi} \mathrm{Hom}(M',.)$$

donnant un diagramme commutatif à lignes exactes

$$\begin{array}{ccccccccc} 0 \longrightarrow \mathrm{Hom}(M,U)^G & \longrightarrow & \mathrm{Hom}(M,A)^G & \longrightarrow & \mathrm{Hom}(M,B)_G & \longrightarrow & \mathrm{Hom}(M,X)_G \longrightarrow 0 \\ \downarrow \varphi^U & & \downarrow \varphi^A & & \downarrow \varphi_B & & \downarrow \varphi_X \\ 0 \longrightarrow \mathrm{Hom}(M',U)^G & \longrightarrow & \mathrm{Hom}(M',A)^G & \longrightarrow & \mathrm{Hom}(M',B)_G & \longrightarrow & \mathrm{Hom}(M',X)_G \longrightarrow 0 \end{array}$$

6.2 DÉFINITION. Si φ est un morphisme de groupes abéliens à noyau et conoyau finis on note

$$q(\varphi) = \frac{\mathrm{Card\ Coker}\ \varphi}{\mathrm{Card\ Ker}\ \varphi} .$$

Cet invariant jouit des propriétés élémentaires suivantes

6.3 PROPOSITION. Soient $\varphi : A \longrightarrow B$ et $\psi : B \longrightarrow C$ deux morphismes de groupes abéliens à noyau et conoyau finis, il en est alors de même de $\psi\circ\varphi$ et l'on a

$$q(\psi\circ\varphi) = q(\psi).q(\varphi) .$$

Soit

$$\begin{array}{ccccccccc} 0 & \longrightarrow & A & \longrightarrow & B & \longrightarrow & C & \longrightarrow & 0 \\ & & \downarrow \varphi_1 & & \downarrow \varphi_2 & & \downarrow \varphi_3 & & \\ 0 & \longrightarrow & A' & \longrightarrow & B' & \longrightarrow & C' & \longrightarrow & 0 \end{array}$$

un diagramme commutatif à lignes exactes tel que deux des morphismes φ_i aient leur noyau et leur conoyau finis, il en est alors de même du troisième, et l'on a

$$q(\varphi_2) = q(\varphi_1).q(\varphi_3) .$$

6.4 THÉORÈME. Soit M' un sous-G-module d'indice fini d'un objet M de $\mathfrak{M}$. Avec les notations du diagramme final de 6.1 on a

$$q(\varphi_X) = q(\varphi^U) .$$

DÉMONSTRATION. On a, d'après la proposition 6.3, l'égalité

$$q(\varphi_X).q(\varphi^A) = q(\varphi_B).q(\varphi^U) .$$

Le théorème sera donc une conséquence immédiate du lemme suivant et du fait que X et U , donc aussi A et B ont même rang sur $\mathbb{Z}$.

6.5 LEMME. Soit C un G-module cohomologiquement trivial de type fini. Avec des notations analogues pour C à celles de 6.1 pour A et B on a

$$q(\varphi^C) = q(\varphi_C) = [M:M']^{\mathrm{rang}_{\mathbb{Z}} C/\mathrm{card}\, G} .$$

DÉMONSTRATION DU LEMME. Du fait que C est cohomologiquement trivial, les flèches verticales du diagramme commutatif

$$\begin{array}{ccc} \mathrm{Hom}(M,C)_G & \xrightarrow{\varphi_C} & \mathrm{Hom}(M',C)_G \\ \downarrow \tilde{N}_G & & \downarrow \tilde{N}_G \\ \mathrm{Hom}(M,C)^G & \xrightarrow{\varphi^C} & \mathrm{Hom}(M',C)^G \end{array}$$

sont des isomorphismes et la première égalité en découle. Les deux termes de la deuxième égalité étant additifs en C , on peut, grâce à 4.3 et 4.4, se ramener au cas où C est un idéal $\mathfrak{A}$ de $\mathbb{Z}[G]$ d'indice fini premier à $[M:M']$. De cette dernière condition on déduit que la troisième flèche verticale du diagramme

$$\begin{array}{ccccccccc}
0 & \longrightarrow & \mathrm{Hom}(M,\mathfrak{U}) & \longrightarrow & \mathrm{Hom}(M,\mathbb{Z}[G]) & \longrightarrow & \mathrm{Hom}(M,\mathbb{Z}[G]/\mathfrak{U}) & \longrightarrow & 0 \\
 & & \downarrow & & \downarrow & & \downarrow & & \\
0 & \longrightarrow & \mathrm{Hom}(M',\mathfrak{U}) & \longrightarrow & \mathrm{Hom}(M',\mathbb{Z}[G]) & \longrightarrow & \mathrm{Hom}(M',\mathbb{Z}[G]/\mathfrak{U}) & \longrightarrow & 0
\end{array}$$

est un isomorphisme, ce qui nous ramène au cas où $C = \mathfrak{U} = \mathbb{Z}[G]$. Mais alors on a

$$\mathrm{Hom}(M,\mathbb{Z}[G])^G = \mathrm{Hom}_G(M,\mathbb{Z}[G]) \simeq \mathrm{Hom}_{\mathbb{Z}}(M,\mathbb{Z})$$

le dernier isomorphisme étant induit par la projection sur le premier facteur $\quad \mathbb{Z}[G] \longrightarrow \mathbb{Z}$

$$\Sigma a_g . g \longrightarrow a_1 \ .$$

Les mêmes isomorphismes étant valables pour M', on a une suite exacte

$0 \longrightarrow \mathrm{Hom}(M,\mathbb{Z}) \xrightarrow{\varphi^{\mathbb{Z}[G]}} \mathrm{Hom}(M',\mathbb{Z}) \longrightarrow \mathrm{Ext}(M/M',\mathbb{Z}) = \mathrm{Hom}(M/M',\mathbb{Q}/\mathbb{Z}) \longrightarrow 0$. On en déduit que $q(\varphi^{\mathbb{Z}[G]}) = \mathrm{Card}(\mathrm{Hom}(M/M',\mathbb{Q}/\mathbb{Z})) = [M:M'] = [M:M']^{\mathrm{rang}_{\mathbb{Z}}\mathbb{Z}[G]/\mathrm{card}\, G}$, d'où le lemme.

6.6 Fixons maintenant un G-homomorphisme injectif $f : X \hookrightarrow U$. Pour M dans $\mathcal{M}$, notons f_M la composée des applications

$$\mathrm{Hom}(M,X)_G \xrightarrow{\tilde{N}_G} \mathrm{Hom}(M,X)^G \xrightarrow{f} \mathrm{Hom}(M,U)^G \ .$$

6.7 LEMME. <u>Soient</u> M <u>et</u> M' <u>dans</u> $\mathcal{M}$ <u>tels que</u> $\mathbb{C}M \simeq \mathbb{C}M'$; <u>on a</u>

$$q(f_M) = q(f_{M'}) \ .$$

DÉMONSTRATION. On a déjà vu en I.4 que la condition du lemme signifiait que $\mathbb{Q}M \simeq \mathbb{Q}M'$. En introduisant au besoin un troisième objet de $\mathcal{M}$ (l'intersection de M et M' dans $\mathbb{Q}M$), on peut se ramener au cas où M contient M'. Le lemme découle alors de 6.4 et de la commutativité du diagramme

$$\begin{array}{ccc} \mathrm{Hom}(M,X)_G & \xrightarrow{f_M} & \mathrm{Hom}(M,U)^G \\ \downarrow \varphi_X & & \downarrow \varphi^U \\ \mathrm{Hom}(M',X)_G & \xrightarrow{f_{M'}} & \mathrm{Hom}(M',U)^G \end{array}$$

6.8 THÉORÈME. <u>Soit</u> M <u>un</u> G-<u>module</u> $\mathbb{Z}$-<u>libre</u> <u>de type fini</u>. <u>Avec les notations de</u> 6.6, <u>si</u> S <u>vérifie les conditions du théorème</u> 5.1, <u>on trouve</u>, <u>pour le nombre</u> A <u>intervenant dans la conjecture de Stark</u> I.5.1 :

$$A(\mathbb{C}M,f) = \pm\, q(f_M)\ .$$

DÉMONSTRATION. Pour tout objet M de $\mathcal{M}$, posons $B(M) = \frac{A(\mathbb{C}M,f)}{q(f_M)}$. Le lemme 6.7 montre que ce nombre ne dépend que de la représentation $W = \mathbb{C}M$; or le théorème 1.2 dit qu'il existe un entier non nul m tel que $mW = \sum_H n_H \,\mathrm{Ind}_H^G \mathbb{C}$ pour des entiers n_H convenables. Le nombre B étant réel d'après I.5.5, il reste à montrer que $B(\mathrm{Ind}_H^G M) = B(M)$ et que $B(\mathbb{Z}) = \pm 1$. La première égalité découle de l'égalité correspondante pour A déjà vue en I.7.1 et de l'existence d'un diagramme commutatif

$$\begin{array}{ccccc} \mathrm{Hom}(\mathrm{Ind}_H^G M,X)_G & \xrightarrow{\tilde N_G} & \mathrm{Hom}(\mathrm{Ind}_H^G M,X)^G & \xrightarrow{f} & \mathrm{Hom}(\mathrm{Ind}_H^G M,U)^G \\ \downarrow\wr & & \downarrow\wr & & \downarrow\wr \\ \mathrm{Hom}(M,X)_H & \xrightarrow{\tilde N_H} & \mathrm{Hom}(M,X)^H & \xrightarrow{f} & \mathrm{Hom}(M,U)^H \end{array}$$

dont les flèches verticales sont des isomorphismes. D'autre part on a déjà calculé en 1.1

$$A(1,f) = \pm\, \frac{[U_k : f(X_k)]}{h_{k,S}}\ .$$

L'application $f_{\mathbb{Z}}$ est la composée

$$X_G \xrightarrow{\tilde N_G} X^G \xrightarrow{f} U^G = U_k$$

et on a déjà vu en I.6.5 que $N_G X = X_k$, donc

$$\mathrm{Coker}\ f_{\mathbb{Z}} = U_k/f(X_k)$$

et $$\operatorname{Ker} f_{\mathbb{Z}} = \operatorname{Ker} \tilde{N}_G = \hat{H}^{-1}(G,X) .$$

Mais ce dernier groupe est $\hat{H}^1(G,U)$ (cf. 5.2).

Notons $I_{S,K}$ le groupe des idéaux de K premiers à S et $I_{S,k}$ le groupe correspondant pour k . La suite exacte de G-modules

$$0 \longrightarrow U \longrightarrow K^* \longrightarrow I_{S,K} \longrightarrow 0$$

donne naissance à une suite exacte de cohomologie

$$0 \longrightarrow U_k \longrightarrow k^* \longrightarrow I_{k,S} \longrightarrow \hat{H}^1(G,U) \longrightarrow 0 ,$$

grâce au "théorème 90" de Hilbert : $\hat{H}^1(G,K^*) = 0$ et au fait que S contient les places ramifiées dans K/k, qui donne $I_{K,S}^G = I_{k,S}$. On en déduit que $\operatorname{Card} \hat{H}^1(G,U) = h_{k,S}$, d'où

$$q(f_{\mathbb{Z}}) = \frac{[U_k : f(X_k)]}{h_{k,S}}$$

ce qui achève la démonstration.

§7. LA CONJECTURE DE STARK POUR LES CARACTÈRES A VALEURS RATIONNELLES

7.1 Soit $f : X \longrightarrow U$ un G-homomorphisme injectif. Soient χ un caractère irréductible de G et $\mathbb{Q}(\chi)$ le corps engendré par les valeurs de χ . Posons

$$\psi = \operatorname{Tr}_{\mathbb{Q}(\chi)/\mathbb{Q}} \chi = \sum_{\alpha \in \operatorname{Gal} \mathbb{Q}(\chi)/\mathbb{Q}} \chi^{\alpha} .$$

C'est un caractère de G à valeurs dans $\mathbb{Q}$ et la conjecture de Stark prédit que

$$A(\psi,f) = N_{\mathbb{Q}(\chi)/\mathbb{Q}} A(\chi,f) = \prod_{\alpha \in \operatorname{Gal}(\mathbb{Q}(\chi)/\mathbb{Q})} A(\chi,f)^{\alpha}$$

et en particulier entraîne la

7.2 CONJECTURE (Chinburg). _Avec les notations de_ 7.1, $A(\psi,f)$ _est la norme dans_ $\mathbb{Q}$ _d'un élément de_ $\mathbb{Q}(\chi)$.

C'est T. Chinburg qui a observé que 7.2 était un cas particulier de la conjecture de Stark qu'il pourrait être possible de prouver. De même, il a suggéré que l'on pourrait démontrer la conjecture de Stark pour les caractères à valeurs rationnelles en prouvant le théorème suivant.

7.3 THÉORÈME. Soit $\psi = Tr_{\mathbb{Q}(\chi)/\mathbb{Q}}\chi$. Alors il existe un idéal fractionnaire $\mathfrak{A}$ de $\mathbb{Q}(\chi)$ tel que

$$A(\chi, f) = \pm N_{\mathbb{Q}(\chi)/\mathbb{Q}}\mathfrak{A} .$$

C'est ce théorème que nous allons démontrer dans ce paragraphe. Notons d'abord le

7.4 COROLLAIRE. Soit θ un caractère de G à valeurs dans $\mathbb{Q}$. Alors la conjecture principale de Stark I.5.1 est vraie pour θ .

DÉMONSTRATION DU COROLLAIRE. Il s'agit de démontrer que $A(\theta, f) \in \mathbb{Q}$. Or θ est une combinaison linéaire à coefficients entiers de caractères du type ψ envisagé en 7.3 (cf. [SRG] § 12.2 Prop. 35), d'où le corollaire.

7.5 DÉMONSTRATION DU THÉORÈME 7.3. Soit m l'indice de Schur de χ sur $\mathbb{Q}$ (voir [SRG] §12), de sorte que $\varphi = m.\psi$ est le caractère d'une représentation W de G définie et irréductible sur $\mathbb{Q}$. Posons $D = End_{\mathbb{Q}[G]}W$. Alors D est un corps gauche dont le centre, soit E , est isomorphe à $\mathbb{Q}(\chi)$ et vérifie $[D:E] = m^2$. Alors $A(\psi, f)$ est un nombre réel tel que $A(\psi, f)^m = A(\varphi, f)$, donc il reste à montrer l'existence d'un idéal fractionnaire $\mathfrak{A}$ de E tel que $A(\varphi, f) = (N_{E/\mathbb{Q}}\mathfrak{A})^m$.

Considérons un ordre maximal R de l'algèbre $D = End_{\mathbb{Q}[G]}W$ qui opère à droite sur W tandis que G opère à gauche. Soit M_o un réseau quelconque de W : alors $M = \mathbb{Z}[G].M.R$ est un réseau stable sous l'action de G et de R et on a $\mathbb{C}W \simeq \mathbb{C}M$. On déduit donc de 6.8 que

$$A(\varphi, f) = \pm \frac{\text{Card Coker } f_M}{\text{Card Ker } f_M} .$$

Or Coker f_M et Ker f_M sont des R-modules finis. Il suffit donc de démontrer le

7.6 LEMME. <u>Pour tout</u> R-<u>module</u> <u>fini</u> T <u>il existe un idéal entier</u> $\mathfrak{A}$ <u>de</u> E <u>tel que</u> Card $T = (N_{E/\mathbb{Q}}\mathfrak{A})^m$.

L'utilisation de ce lemme pour démontrer que 6.8 implique 7.3 a été suggérée par T. Chinburg.

DÉMONSTRATION DU LEMME (voir aussi [SwL], Th. 7.1). On peut se ramener par dévissage au cas où T est simple. L'anneau $\mathcal{O}_E$ des entiers de E étant le centre de R, l'annulateur de T dans $\mathcal{O}_E$ est un idéal premier $\mathfrak{p}$ de E et T est un module simple sur l'algèbre réduite

$$\tilde{R} = (R/\mathfrak{p}R)^{red} = (R/\mathfrak{p}R)/\text{Radical}(R/\mathfrak{p}R) .$$

L'algèbre $\tilde{R}$ a la structure suivante : il existe deux entiers m_1 et m_2 dont le produit est m tels que

$$\tilde{R} \simeq M_{m_1}(F)$$

l'anneau des matrices carrées d'ordre m_1 sur l'extension F de degré m_2 du corps fini $\mathcal{O}_E/\mathfrak{p}$. De plus pour presque tout $\mathfrak{p}$ on a $m_2 = 1$, $m_1 = m$. Or $M_{m_1}(F)$ n'a qu'un seul module simple : F^{m_1} le cardinal de celui-ci est $(\text{Card } F)^{m_1} = N\mathfrak{p}^{m_1 m_2}$ soit encore $(N_{E/\mathbb{Q}}\mathfrak{p})^m$ ce qui achève la démonstration.

7.7 REMARQUE. On a supposé jusqu'ici que S était assez grand pour pouvoir appliquer le théorème 5.1. Ce n'est plus nécessaire dans l'énoncé du théorème 7.3, puisque la démonstration de I.7.3 montre que les valeurs de $A(\varphi, f)$ données par deux choix de S diffèrent encore par un facteur de la forme $(N_{E/\mathbb{Q}}\alpha)^m$ où α est un élément de $\mathbb{Q}(\chi)^*$. On voit de même grâce à I §6 que $f: \mathbb{Q}X \xrightarrow{\sim} \mathbb{Q}U$ n'a plus besoin d'être une injection $X \hookrightarrow U$.

§8. L'INVARIANT DE CHINBURG

Dans ce paragraphe, nous discutons certains résultats obtenus par T. Chinburg après que ce cours ait eu lieu, et qui donnent un nouvel éclairage à ce chapitre. Nous en donnons un rapide aperçu et renvoyons le lecteur aux articles référencés [Ch] en bibliographie pour plus de détails.

Soit $K_o(\mathbb{Z}[G])$ (resp. $G_o(CTG)$) le groupe de Grothendieck des $\mathbb{Z}[G]$-modules projectifs (resp. cohomologiquement triviaux) de type fini.

8.1 LEMME. <u>L'homomorphisme</u> $\psi : K_o(Z[G]) \longrightarrow G_o(CTG)$ <u>induit par</u> $\psi([P]) = [P]$, <u>où</u> P <u>est projectif</u>, <u>est un isomorphisme</u>.

Ainsi que le note Chinburg, ceci est une conséquence facile de 4.5 et du lemme de Schanuel.

D'après [SwP], un $\mathbb{Z}[G]$-module A projectif de type fini est localement libre, c'est-à-dire que $\mathbb{Z}_p \otimes A$ est un $\mathbb{Z}_p[G]$-module libre pour tout nombre premier p . En particulier, il y a une fonction "rang" $rg : K_o(\mathbb{Z}[G]) \longrightarrow \mathbb{Z}$. Le "groupe des classes projectives" est, par définition, le noyau de rg .

Plaçons-nous maintenant dans la situation du §5. Pour prouver 5.1 nous avons construit une suite exacte

$$(*) \qquad 0 \longrightarrow U \longrightarrow A \longrightarrow B \longrightarrow X \longrightarrow 0$$

avec A et B cohomologiquement triviaux, dont la classe dans

$$\mathrm{Ext}^2_{\mathbb{Z}[G]}(X,U) = H^2(G,\mathrm{Hom}_{\mathbb{Z}}(X,U))$$

est la classe canonique α_3 au sens de [TN]. (L'égalité entre $\mathrm{Ext}^2_{\mathbb{Z}[G]}$ et $H^2(G,\mathrm{Hom}_{\mathbb{Z}}\ \ )$ vient du fait que X est sans torsion).

8.2 THÉORÈME (Chinburg). <u>La classe</u> $\Omega = \psi^{-1}([B]-[A])$ <u>dans</u> $Cl(\mathbb{Z}[G])$ <u>est indépendante de</u> S (<u>dès que</u> S <u>est assez grand</u>, <u>comme au</u> §5) <u>et de la suite</u> (*) <u>choisie</u> (<u>dès que</u> A <u>et</u> B <u>sont cohomologiquement triviaux et que la classe</u>

d'extension correspondant à (*) est la classe canonique).

Ce théorème permet de poser la

8.3 DÉFINITION. L'élément ci-dessus $\Omega \in \mathrm{Cl}(\mathbb{Z}[G])$ est l'invariant de Chinburg et est noté $\mathrm{Chin}(K/k)$.

Chinburg a été en partie conduit à étudier cet invariant par une analogie avec la théorie de Fröhlich concernant la classe $[\mathcal{O}_K] - [k:\mathbb{Q}][\mathbb{Z}[G]]$ dans le cas où K/k est une extension modérément ramifiée (voir plus loin 8.9).

Soient R un ordre maximal de $\mathbb{Q}[G]$ contenant $\mathbb{Z}[G]$, et $\mathrm{Cl}(R)$ le noyau de la fonction rang sur le groupe de Grothendieck des R-modules de type fini localement libres. Le produit tensoriel avec R sur $\mathbb{Z}[G]$ induit un homomorphisme $\gamma : \mathrm{Cl}(\mathbb{Z}[G]) \longrightarrow \mathrm{Cl}(R)$ dont Swan a montré qu'il était surjectif. Le noyau de γ ne dépend pas de R. On le note $D(\mathbb{Z}[G])$.

8.4 On peut décrire le groupe $\mathrm{Cl}(R)$ de la manière suivante (voir §2 de [Frö], et aussi le §2 de [Ull]) : Soit $\bar{\mathbb{Q}}$ la clôture algébrique de $\mathbb{Q}$ dans $\mathbb{C}$. Pour chaque extension finie F de $\mathbb{Q}$ dans $\bar{\mathbb{Q}}$, soit $I(F)$ le groupe des idéaux fractionnaires de l'anneau $\mathcal{O}_F$ des entiers de F. Quand $F \subset F'$, on identifie $I(F)$ avec son image dans $I(F')$ et on pose $I(\bar{\mathbb{Q}}) = \bigcup_F I(F)$. Soit R_G le groupe additif des caractères virtuels de G et soit $H(G)$ le sous-groupe de $\mathrm{Hom}(R_G, I(\bar{\mathbb{Q}}))$ formé des homomorphismes b tels que

$$b(\chi) \in I(\mathbb{Q}(\chi)) \quad \text{pour tout caractère } \chi$$

et

$$b(\chi^{\alpha}) = b(\chi)^{\alpha} \quad \text{pour tout } \alpha \in \mathrm{Gal}(\bar{\mathbb{Q}}/\mathbb{Q}) .$$

Soit $P(G)$ le sous-groupe de $H(G)$ formé des b tels que, pour tout χ, $b(\chi)$ est un idéal principal de $\mathbb{Q}(\chi)$, possédant de plus un générateur totalement positif dans $\mathbb{Q}(\chi)$ si χ est un caractère symplectique. Il existe alors un unique isomorphisme canonique

$$\tau : \mathrm{Cl}(R) \xrightarrow{\sim} H(G)/P(G)$$

tel que si $I \subset R$ est un idéal localement libre de R, alors $\tau([I]-[R])$ est représenté par la fonction $b \in H(G)$ telle que, pour χ irréductible, $b(\chi)$ est la norme réduite de $\rho_\chi(I)$, où $(\rho_\chi)_{\chi\in\hat{G}}$ est une famille d'homomorphismes $\rho_\chi : \mathbb{Q}[G] \longrightarrow M_{\chi(1)}(\bar{\mathbb{Q}})$ telle que $\chi = \mathrm{Tr}\,\rho_\chi$ pour tout χ et $\rho_{\chi^\alpha} = (\rho_\chi)^\alpha$ pour tout α dans $\mathrm{Aut}\,\bar{\mathbb{Q}}$. (Noter que $\rho_\chi(I)$ est un idéal de $\rho_\chi(R)$, qui est un ordre maximal de $\rho_\chi(\mathbb{Q}[G])$, lequel est une algèbre simple dont le centre est $\mathbb{Q}(\chi)$).

Soit, comme en 6.6, $f : X \hookrightarrow U$ un G-homomorphisme injectif. A l'aide de f, Chinburg construit un élément $b \in H(G)$ représentant l'image de $\mathrm{Chin}(K/k)$ dans $\mathrm{Cl}(R)$ comme suit : Pour chaque caractère χ, choisissons une extension finie E de $\mathbb{Q}$ dans $\mathbb{C}$ assez grande pour que χ ait une réalisation sur E, et un $\mathcal{O}_E[G]$-module sans torsion M tel que $V = \mathbb{C}\otimes_{\mathcal{O}_E} M$ soit une réalisation de χ. En analogie avec 6.6, notons f_M le composé des homomorphismes

$$(\mathrm{Hom}_{\mathcal{O}}(M,\mathcal{O}X))_G \xrightarrow{\tilde{N}_G} (\mathrm{Hom}_{\mathcal{O}}(M,\mathcal{O}X))^G \xrightarrow{f} (\mathrm{Hom}_{\mathcal{O}}(M,\mathcal{O}U))^G$$

où $\mathcal{O} = \mathcal{O}_E$. Alors $\mathrm{Ker}\, f_M$ et $\mathrm{Coker}\, f_M$ sont des $\mathcal{O}_E$-modules <u>finis</u>, on peut donc leur associer des idéaux entiers de $\mathcal{O}_E$ (leur "ordre idéal") notés $\#\,\mathrm{Ker}\, f_M$ et $\#\,\mathrm{Coker}\, f_M$ et on pose

$$g(f_M) = \frac{\#\,\mathrm{Coker}\, f_M}{\#\,\mathrm{Ker}\, f_M} \in I(E)\ .$$

Le théorème suivant poursuit l'analogie avec 6.7, mais va beaucoup plus loin.

8.5 THÉORÈME (Chinburg). <u>Dans</u> $I(\bar{\mathbb{Q}})$, <u>l'idéal</u> $q(f_M)$ <u>ne dépend que de</u> χ <u>et</u> f, <u>et non des choix de</u> E <u>et</u> M. <u>Posant alors</u> $q(\chi,f) = q(f_M)$, <u>l'application</u> $\chi \longmapsto q(\chi,f)$ <u>est un élément de</u> $H(G)$ <u>représentant</u> $\gamma(\mathrm{Chin}(K/k))$ <u>au sens de</u> 8.4.

La suite est essentiellement conjecturale.

8.6 CONJECTURE (Chinburg). <u>Supposons vraie la conjecture principale de Stark</u> I.5.1 ; <u>si</u> $f : X \hookrightarrow U$ <u>est comme ci-dessus et</u> S <u>suffisamment grand</u>, <u>on a</u>, <u>pour tout caractère</u> χ <u>de</u> G

$$q(\chi, f) = (A(\bar{\chi}, f)) .$$

Au vu de 8.5, ceci suggère la conjecture suivante, qui ne dépend pas de celle de Stark :

8.7 CONJECTURE (Chinburg). <u>On a</u> $2\mathrm{Chin}(K/k) \in D(\mathbb{Z}[G])$, <u>c'est-à-dire que</u> $2\gamma(\mathrm{Chin}(K/k)) = 0$, <u>et</u> $\mathrm{Chin}(K/k) \in D(\mathbb{Z}[G])$ <u>si l'extension</u> K/k <u>est modérément ramifiée</u>.

En supposant que 8.6 est vrai, on voit grâce à 8.4 et 8.5 que $\mathrm{Chin}(K/k) \in D(\mathbb{Z}[G])$ si, et seulement si, pour chaque caractère symplectique χ , il existe une unité $\varepsilon \in \mathbb{Q}(\chi)$ telle que $\varepsilon . A(\bar{\chi}, f)$ soit un élément totalement positif de $\mathbb{Q}(\chi)$.

8.8 PROPOSITION (Chinburg). <u>Si</u> χ <u>est symplectique</u>, <u>et</u> $f : X \longrightarrow U$ <u>comme ci-dessus</u>, <u>alors</u> $A(\chi, f)$ <u>est un nombre réel dont le signe est celui de la constante</u> $W(\chi)$ <u>dans l'équation fonctionnelle de</u> $L(s, \chi)$.

Fröhlich a montré que $W(\chi^{\alpha}) = W(\chi)$ si χ est symplectique, $\alpha \in \mathrm{Aut}(\mathbb{C}/\mathbb{Q})$ et K/k modérément ramifiée. En conséquence, 8.8 montre que si 8.6 est vraie et K/k modérément ramifiée, alors $\mathrm{Chin}(K/k) \in D(\mathbb{Z}[G])$.

8.9 REMARQUE. La conjecture 8.6 procède du même esprit que le travail de Bienenfeld et de Lichtenbaum (cf. [Bie], [Lic]). Dans une prépublication intitulée <u>On the Galois Module Structure of Integers and Units</u>, Chinburg développe un dictionnaire entre la conjecture principale de Stark et la théorie des sommes de Gauss Galoisiennes dans lequel 8.6 correspond à la formule pour $\tau(V)\mathbb{Z}[\chi_V]$ du théorème 9 (ii), page 160 de l'article de Fröhlich [Frö]. Ce dictionnaire permet de développer parallèlement la théorie de $\mathrm{Chin}(K/k)$ pour toutes les extensions K/k et celle de la classe $[\mathcal{O}_K] - [k:\mathbb{Q}][\mathbb{Z}[G]] \in \mathrm{Cl}(\mathbb{Z}[G])$ pour les extensions K/k modérément ramifiées. Par exemple, la conjecture 8.7 correspond à la conjecture de Martinet selon laquelle la classe $[\mathcal{O}_K] - [k:\mathbb{Q}][\mathbb{Z}[G]]$ est dans $D(\mathbb{Z}[G])$ quand K/k est modérément ramifié, conjecture prouvée par Fröhlich dans [Frö].

Le théorème de Hilbert qui dit que si K est une extension abélienne modérément ramifiée de $\mathbb{Q}$, alors $\mathcal{O}_K$ est un $\mathbb{Z}[\mathrm{Gal}(K/k)]$-module libre correspond, par ce dictionnaire, à la

8.10 QUESTION (Chinburg). _Si_ K _est une extension abélienne de_ $\mathbb{Q}$, _a-t-on_ $\mathrm{Chin}(K/\mathbb{Q}) = 0$, _au moins dans le cas où_ $K/\mathbb{Q}$ _est modérément ramifiée_ ?

Si $K/\mathbb{Q}$ est une extension abélienne de degré premier, Chinburg montre que $\mathrm{Chin}(K/\mathbb{Q}) = 0$ est une conséquence de la "conjecture de Gras" énoncée dans [Gra]. R. Greenberg a montré dans [Gre] que, hors du nombre premier 2, la conjecture de Gras est une conséquence de la conjecture principale de la théorie d'Iwasawa. On s'attend à ce que le travail de Mazur et Wiles prouve cette conjecture dans la forme utilisée par Greenberg. On aura alors, modulo des difficultés pour $p = 2$, une preuve de ce que $\mathrm{Chin}(K/\mathbb{Q}) = 0$ si K est abélien de degré premier sur $\mathbb{Q}$.

CHAPITRE III : LES CAS $r(\chi) = 0$ et $r(\chi) = 1$

Soit encore K/k une extension galoisienne de corps de nombres, G son groupe de Galois, et χ un caractère de G. Nous allons étudier la conjecture principale de Stark pour $r(\chi) = 0$, auquel cas elle est vraie, et pour $r(\chi) = 1$, auquel cas elle est équivalente à l'existence de certaines unités dans K, analogues en quelque sorte aux unités cyclotomiques classiques.

§1. LE CAS $r(\chi) = 0$

Dans ce cas, le régulateur $R(\chi, f)$ vaut 1, étant le déterminant de la matrice vide. La conjecture I.5.1 s'écrit alors

1.1 $\quad L(0,\chi^{\alpha}) = L(0,\chi)^{\alpha} \quad$ pour tout $\alpha \in \mathrm{Aut}\,\mathbb{C}$.

Cet énoncé est en quelque sorte l'intersection de la conjecture de Deligne [DeP] relative aux valeurs "critiques" des fonctions L des motifs sur les corps de nombres avec celle de Stark. Voir la fin de [DeP], §6 pour un énoncé contenant 1.1.

1.2 THÉORÈME. _Si_ $r(\chi) = 0$ _la conjecture principale de Stark est vraie pour_ χ.

DÉMONSTRATION. Rappelons que $r(\chi)$, tel que nous l'avons défini en I, §3, dépend du choix d'un ensemble fini $S \supset S_{\infty}$ de places de k. En fait, on voit immédiatement sur I.3.4 que $r(\chi)$ est une fonction croissante de S. La conjecture étant indépendante de S, on pourra donc, pour démontrer le théorème, supposer que $S = S_{\infty}$, l'ensemble des places à l'infini de k.

Grâce à 0.4.2, on peut supposer que χ est le caractère d'une représentation irréductible et fidèle V de G. Si χ est le caractère trivial, la conjecture a déjà été démontrée en II.1.1. Sinon, on a $\dim V^G = 0$, et la formule I.3.4 montre que $V^{G_w} = \{0\}$ pour toute place archimédienne w de K. Ceci impose $G_w = \{1, \tau_w\}$, et τ_w agit sur V comme -1. La représentation étant fidèle, on voit que tous les τ_w sont égaux à τ et que $G_\infty = \{1, \tau\}$ est contenu dans le centre de G. Cela entraîne que K est un corps de type CM, c'est-à-dire une extension quadratique totalement imaginaire d'un corps totalement réel K^+ contenant k.

Nous allons utiliser le raffinement suivant du théorème de Brauer (0.5.1) indiqué par Serre ([CoL] App.).

1.3 LEMME. <u>Soient</u> G <u>un groupe fini de centre</u> C, <u>et</u> χ <u>un caractère irréductible de</u> G. <u>La restriction de</u> χ <u>à</u> C <u>est un multiple d'un caractère</u> ψ <u>de degré</u> 1 <u>de</u> C <u>et on peut écrire</u>

$$\chi = \sum_i n_i \operatorname{Ind}_{H_i}^G \chi_i$$

<u>où, pour chaque</u> i, H_i <u>est un sous-groupe de</u> G <u>contenant</u> C, χ_i <u>un caractère de degré</u> 1 <u>de</u> H_i <u>dont la restriction à</u> C <u>est</u> ψ, <u>et</u> n_i <u>un élément de</u> $\mathbb{Z}$.

Admettons d'abord ce lemme pour finir la démonstration du théorème 1.2. En appliquant 1.3 à notre situation, on trouve $\chi_i(\tau) = -1$, d'où, en particulier $L(0,\chi_i) \neq 0$. Comme on a

$$L(0,\chi) = \prod_i L(0,\chi_i)^{n_i},$$

on est ramené à démontrer l'identité 1.1 sous les hypothèses suivantes :

1.4 $\begin{cases} k \text{ est totalement réel} \\ \chi \text{ est un caractère de degré 1 de } G = \mathrm{Gal}(K/k). \end{cases}$

En remplaçant au besoin K par le corps fixe du noyau de χ , on peut donc supposer que G est abélien et χ un homomorphisme injectif de G dans $\mathbb{C}^*$.

Pour tout σ dans G et s dans $\mathbb{C}$ avec $\mathrm{Re}(s) > 1$, posons

$$\zeta(s,\sigma) = \sum_{(\mathfrak{a},K/k)=\sigma} N\mathfrak{a}^{-s} ,$$

la somme étant prise sur tous les idéaux entiers de k dont le symbole d'Artin vaut σ (voir 0.2.6 sqq). Le prolongement analytique de cette série s'appelle la <u>fonction zéta partielle</u> de K/k relative à σ . On a la décomposition

$$L(s,\chi) = \sum_{\sigma\in G} \chi(\sigma)\zeta(s,\sigma) .$$

Le résultat fondamental de Siegel (voir [SiZ] surtout p. 101-102) qui dit que $\zeta(0,\sigma) \in \mathbb{Q}$ pour tout σ dans G permet alors de conclure. Notons que ce dernier point découle aussi des formules de Shintani (voir [Shi] p. 404, Cor. du Thm. 1). Donnons enfin la

DÉMONSTRATION DU LEMME 1.3. Soit χ_H un caractère de degré 1 d'un sous-groupe H de G . C'est un homomorphisme de H dans $\mathbb{C}^*$ qui admet exactement [CH:H] prolongements à CH , soit $\chi_{i,H}$, $1 \leqslant i \leqslant [CH:H]$. On a alors

$$\mathrm{Ind}_H^{CH} \chi_H = \sum_{i=1}^{[CH:H]} \chi_{i,H} , \text{ et}$$

$$\mathrm{Ind}_H^G \chi_H = \sum_{i=1}^{[CH:H]} \mathrm{Ind}_{CH}^G \chi_{i,H} ;$$

ce qui montre que dans l'énoncé du théorème de Brauer on peut imposer aux sous-groupes H de contenir C . Soient maintenant V une réalisation de χ et ψ un caractère (de degré 1) de C intervenant dans la décomposition du $\mathbb{C}[C]$-module V . La ψ-composante de V est alors un sous-espace non nul stable par G : c'est donc V , ce qui démontre la première assertion du lemme. Ecrivons

$$\chi = \sum_i n_i \, \mathrm{Ind}_{H_i}^G \chi_i$$

où les H_i contiennent C . On a (<u>voir</u> 0.3.2 (2)) :

$$\langle \chi, \mathrm{Ind}_{H_i}^{G} \chi_i \rangle_G = \langle \chi|_{H_i}, \chi_i \rangle_{H_i} .$$

Si la restriction de χ_i à C n'est pas ψ, ce produit scalaire est nul et on peut donc supprimer tous les χ_i dont la restriction à C n'est pas ψ de la décomposition précédente, ce qui achève la démonstration.

§2. LE CAS $r(\chi) = 1$

Ici, nous ne ferons aucune hypothèse sur S. Supposons χ irréductible et $r(\chi) = 1$. Pour tout $\alpha \in \mathrm{Aut}\,\mathbb{C}$ le conjugué χ^α vérifie encore $r(\chi^\alpha) = 1$. Ceci résulte du fait que, d'après I.3.4, $r(\chi)$ est la multiplicité de χ dans $\mathbb{C}X$ qui est une représentation de G définie sur $\mathbb{Q}$. Ce fait montre aussi que l'indice de Schur (voir [SRG], § 12) de χ sur $\mathbb{Q}$ est 1. Si $E = \mathbb{Q}(\chi)$ est le corps des valeurs de χ, alors χ est réalisable sur E et $\psi = \sum_{\alpha \in \mathrm{Gal}(E/\mathbb{Q})} \chi^\alpha$ est réalisable sur $\mathbb{Q}$. Soit W une telle réalisation, c'est-à-dire un $\mathbb{Q}[G]$-module simple dont le caractère est ψ. Soit X_W (resp. U_W) l'unique $\mathbb{Q}[G]$-sous-module de $\mathbb{Q}X$ (resp. $\mathbb{Q}U$) qui est isomorphe à W. Nous allons voir que la conjecture principale de Stark pour χ équivaut à une description explicite du $\mathbb{Q}$-sous-espace λU_W de $\mathbb{C}X$ en termes des valeurs $L'(0,\chi^\alpha)$.

Il correspond à χ un idempotent central de $\mathbb{C}[G]$

$$e_\chi = \frac{\chi(1)}{\mathrm{Card}\, G} \sum_{\sigma \in G} \chi(\sigma^{-1})\sigma$$

et la multiplication par e_χ est la projection sur la χ-composante de n'importe quelle représentation de G sur $\mathbb{C}$ (voir [SRG] §2).

Notons $\Delta = \mathrm{Gal}(E/\mathbb{Q})$ et posons, pour tout a dans E,

$$\pi(a,\chi) = \sum_{\alpha \in \Delta} a^\alpha L'(0,\chi^\alpha) e_{\bar{\chi}^\alpha} \in \mathbb{C}[G] ,$$

et remarquons que si ψ est un caractère de G tel que $r(\psi) \neq 1$, on a $\pi(a,\psi)\mathbb{Q}X = 0$, car $L'(0,\chi^\alpha) = 0$ si $r(\psi) > 1$ et $e_{\bar{\chi}^\alpha}\, \mathbb{Q}X = 0$ si $r(\psi) = 0$.

2.1 PROPOSITION. <u>Soient</u> $a \in E^*$ <u>et</u> χ <u>un caractère de</u> G <u>tel que</u> $r(\chi) = 1$, <u>les assertions suivantes sont équivalentes</u> :

i) $\pi(a,\chi)\mathbb{Q}X \cap \lambda\mathbb{Q}U \neq \{0\}$

ii) $\pi(a,\chi)\mathbb{Q}X = \lambda U_W$

iii) <u>la conjecture principale de Stark est vraie pour</u> χ.

DÉMONSTRATION. L'élément $\pi(a,\chi)$ de $\mathbb{C}[G]$ annulant les composantes de $\mathbb{Q}X$ autres que X_W , $\pi(a,\chi)\mathbb{Q}X$ est soit $\{0\}$, soit un $\mathbb{Q}[G]$-module simple isomorphe à W , et il en est de même de son image par λ^{-1} . Si cette dernière rencontre $\mathbb{Q}U - \{0\}$, elle est donc égale à U_W , ce qui démontre l'équivalence des deux premières assertions.

Définissons un $\mathbb{C}[G]$-homomorphisme $f(a,\chi) : \mathbb{C}X_W \longrightarrow \mathbb{C}U_W$ par la commutativité du diagramme :

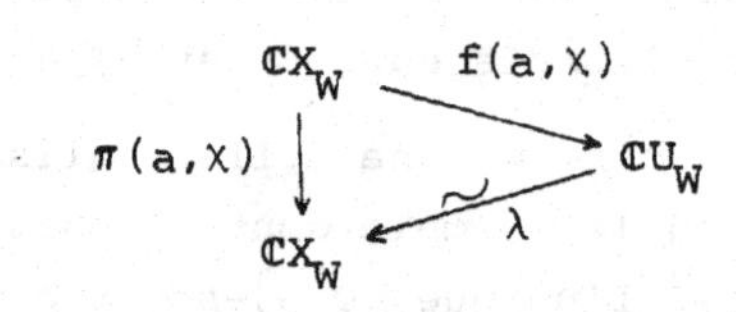

et prolongeons le en un G-homomorphisme : $\mathbb{C}X \longrightarrow \mathbb{C}U$ au moyen d'un isomorphisme entre les supplémentaires stables de X_W et U_W dans $\mathbb{Q}X$ et $\mathbb{Q}U$. Nous noterons encore $f(a,\chi)$ ce prolongement. Sur $\mathrm{Hom}_G((V^\alpha)^*,\mathbb{C}X)$, qui est un espace de dimension 1 , $\lambda \circ f(a,\chi)$ agit comme $\pi(a,\chi)$ agit sur $(V^\alpha)^*$, c'est-à-dire par le scalaire $a^\alpha L'(0,\chi^\alpha)$; on a donc la formule

2.2 $\qquad A(\chi^\alpha, f(a,\chi)) = a^\alpha$ pour tout α dans Δ .

Si l'assertion ii) est vraie, on a $f(a,\chi)\mathbb{Q}X = \mathbb{Q}U$, et $f(a,\chi)$ est un G-isomorphisme défini sur $\mathbb{Q}$. La formule 2.2 est alors l'expression de la conjecture de Stark pour χ . Réciproquement, si cette conjecture est vraie, on a pour tout α , β dans $\mathrm{Aut}\,\mathbb{C}$

$$A(\chi^\alpha, f(a,\chi)^\beta) = A(\chi^{\beta^{-1}\alpha}, f(a,\chi))^\beta = (a^{\beta^{-1}\alpha})^\beta = a^\alpha = A(\chi^\alpha, f(a,\chi)) .$$

Ceci montre que $\lambda \circ f(a,\chi)^\beta$ et $\lambda \circ f(a,\chi)$, ayant même déterminant sur les espaces de dimension 1 $\mathrm{Hom}_G((V^\alpha)^*,\mathbb{C}X)$

et étant des G-homomorphismes, coïncident sur $\mathbb{C}X_W$, et sur $\mathbb{C}X$ tout entier par construction de $f(a,\chi)$. On en déduit que $f(a,\chi)$ est défini sur $\mathbb{Q}$, donc envoie $\mathbb{Q}X$ dans $\mathbb{Q}U$, et X_W dans U_W. Donc $\pi(a,\chi)\mathbb{Q}X \subset \lambda U_W$; mais $\pi(a,\chi)X_W \neq \{0\}$ puisque $a \neq 0$ et $L'(0,\chi^\alpha) \neq 0$. Donc i) est vraie.

§3. UNITÉS DE STARK

L'ensemble S étant encore quelconque, considérons un ensemble Ψ de caractères irréductibles de G tel que

- 1_G n'appartient pas à Ψ
- $\forall \chi \in \Psi$, $\forall \alpha \in \mathrm{Aut}\,\mathbb{C}$, $\chi^\alpha \in \Psi$
- $\forall \chi \in \Psi$, $r(\chi) = 1$.

D'après 2.1, la conjecture I.5.1 pour les éléments de Ψ implique que

3.1 $$\Big(\sum_{\chi \in \Psi} a_\chi \, L'(0,\chi) e_{\bar{\chi}}\Big).X \subset \mathbb{Q}\lambda\, U$$

pour toute famille $(a_\chi)_{\chi\in\Psi}$ d'éléments de $\mathbb{C}$ telle que $a_{\chi^\alpha} = (a_\chi)^\alpha$ pour tout χ dans Ψ et α dans $\mathrm{Aut}\,\mathbb{C}$.

Grâce à l'hypothèse $1_G \notin \Psi$, on peut remplacer X par Y et l'inclusion 3.1 se traduit de la manière suivante : Pour toute place v de S et tout prolongement w de v à K , il existe un entier strictement positif m et une S-unité ε de K telle que

3.2 $$m \sum_{\chi \in \Psi} a_\chi \, L'(0,\chi) e_{\bar{\chi}}\, w = \lambda(\varepsilon) .$$

Une fois m fixé, ε est unique à une racine de l'unité dans K près.

3.3 **EXERCICE.** Soit H l'intersection des noyaux des représentations associées aux caractères χ de Ψ tels que $a_\chi e_{\bar{\chi}}.w \neq 0$. Montrer que si ε vérifie 3.2, les conjugués de ε sur k engendrent K^H .

Pour un ε vérifiant 3.2 on a $\lambda(\varepsilon^\sigma) = \lambda(\varepsilon)$ pour tout $\sigma \in G_w$, donc $\varepsilon^{\sigma-1} \in \mu_K$, le groupe des racines de l'unité dans K . Alors, l'obstruction de trouver un $\varepsilon \in K^{G_w}$ est un élément de $H^1(G_w,\mu_K)$. On en conclut que, quitte à remplacer

m par nm et ε par $\zeta\varepsilon^n$, pour un entier positif n qui divise le pgcd des ordres de G_w et de μ_K et un $\zeta \in \mu_K$ convenables, on peut supposer $\varepsilon \in K^{G_w}$.

La condition 3.2 sur l'unité ε peut encore s'écrire :

$$3.4 \quad \begin{cases} |\varepsilon|_{w'} = 1 & \text{pour } w' \nmid v \\ \log|\varepsilon|_{\sigma w} = \log|\varepsilon^{\sigma^{-1}}|_w = \dfrac{m}{\text{Card } G} \displaystyle\sum_{\chi\in\Psi} a_\chi L'(0,\chi)\chi(1) \sum_{\tau\in G_w} \chi(\sigma\tau) \end{cases}$$

ou encore

$$\frac{1}{\text{Card } G_w} \log |\varepsilon^{\sigma^{-1}}|_w = \sum_{\chi\in\Psi} b_\chi \, L'(0,\chi)\chi^{G_w}(\sigma)$$

où $\qquad b_\chi = \dfrac{m}{\text{Card } G} \chi(1) a_\chi$,

et $\chi^{G_w}(\sigma)$ est défini de la manière suivante : Soit V une réalisation de χ. L'espace V^{G_w} est de dimension 1 ou 0. S'il est de dimension 1, $\chi^{G_w}(\sigma)$ est l'homomorphisme composé

$$V^{G_w} \hookrightarrow V \xrightarrow{\sigma} V \xrightarrow{\frac{1}{\text{Card } G_w} \sum_{\tau\in G_w} \tau} V^{G_w}.$$

S'il est de dimension 0 on pose $\chi^{G_w}(\sigma) = 0$.

Soit σ un élément du normalisateur N_w de G_w dans G. Alors $\varepsilon^{\sigma^{-1}}$ est encore un élément de K^{G_w} et on peut écrire

$$\frac{1}{\text{Card } G_w} \log |\varepsilon^{\sigma^{-1}}|_w = \log |\varepsilon^{\sigma^{-1}}|_{\tilde{w}}$$

où $\tilde{w}$ est la restriction de w à K^{G_w}. Le principal intérêt de cette discussion est dans le cas où V est une place réelle. On a alors $K_{\tilde{w}}^{G_w} = \mathbb{R}$, et l'unité ε peut être supposée positive : ses conjugués par les éléments de N_w sont des réels qui vérifient

$$3.5 \qquad \varepsilon^{\sigma^{-1}} = \pm \exp \sum_{\chi\in\Psi} b_\chi \, L'(0,\chi)\chi^{G_w}(\sigma).$$

Il est donc possible de calculer numériquement des valeurs approchées de ces nombres et de leurs fonctions symétriques élémentaires, une fois effectué un choix des signes dans 3.5.

Le polynôme minimal P de ε sur K^{N_w} s'écrit alors

$$P(T) = T^r + a_1T^{r-1} \ldots + a_r$$

et les a_i sont des entiers de K^{N_w} dont on connait un certain plongement dans $\mathbb{R}$ avec une bonne approximation, et dont les autres plongements dans $\mathbb{C}$ ont leurs valeurs absolues explicitement bornées. On peut donc trouver explicitement les entiers a_i de K^{N_w} qui satisfont à ces conditions, s'il en existe effectivement, puis vérifier que la racine du polynôme obtenu est bien une unité contenue dans K : Cette procédure est à l'origine de tous les cas connus où la conjecture de Stark parait vraisemblable sans être démontrée. Un exemple explicite tiré de [St IV] est traité en IV, §4. L'intérêt qu'il y a à considérer le corps K^{N_w} et non seulement K^{G_w} est que son degré absolu est plus petit, ce qui facilite les opérations de reconnaissance des entiers a_i .

§4. REPRÉSENTATIONS ATTACHÉES À DES FORMES MODULAIRES

Ce qui suit a été exposé en détail par Stark à Bonn [StB]. Pour tout élément z du demi-plan de Poincaré on pose $q = e^{2i\pi z}$. Soit alors $f(z) = \sum_{n\geqslant 1} a_nq^n$ une forme modulaire parabolique primitive normalisée de poids 1 sur $\Gamma_1(N)$. D'après le théorème de Deligne et Serre [DS], il y a une représentation V_f de dimension 2 du groupe $\mathrm{Gal}(\bar{\mathbb{Q}}/\mathbb{Q})$ dont la série L d'Artin est donnée pour $\mathrm{Re}\ s > 1$ par

$$L(s,\chi_f) = \sum_{n\geqslant 1} a_n\ n^{-s} ,$$

où la fonction L considérée est primitive, c'est-à-dire que l'on prend $S = \{\infty\}$, K est le corps fixe du noyau de la représentation V_f et χ_f le caractère correspondant du groupe $G = \mathrm{Gal}(K/\mathbb{Q})$. Les conjugaisons complexes de $\mathrm{Gal}(\bar{\mathbb{Q}}/\mathbb{Q})$ ont une trace nulle sur V_f : on en déduit que

$r(\chi_f) = 1$. Le corps $E = \mathbb{Q}(\chi_f) = \mathbb{Q}((a_n)_{n\in\mathbb{N}})$ est un corps abélien de degré fini sur $\mathbb{Q}$. Posons pour tout α dans $\Delta = \mathrm{Gal}(E/\mathbb{Q})$:

$$f^\alpha(z) = \sum_{n\geq 1} a_n^\alpha q^n .$$

On a alors $\chi_{f^\alpha} = (\chi_f)^\alpha$. Posons encore, pour b dans E^*,

$$g = \sum_{\alpha\in\Delta} b^\alpha f^\alpha = \mathrm{Tr}_{E/\mathbb{Q}}(bf).$$

On a alors la formule

$$\sum_{\alpha\in\Delta} b^\alpha L'(0,\chi_f^\alpha) = I(g) = \int_0^{+\infty} g(iy)\frac{dy}{y} .$$

La conjecture de Stark pour χ affirme donc qu'il existe un entier strictement positif m tel que

$$\exp m\, I(g) = \varepsilon$$

soit une unité de K , et que K est engendré par ε comme extension galoisienne de $\mathbb{Q}$ (voir exercice 3.3), ce qui donne une manière concrète de construire le corps K .

Une conséquence de cette conjecture est donc que pour toute forme parabolique h de poids 1 sur $\Gamma_1(N)$, $\exp I(h)$ est une unité algébrique.

Signalons enfin que dans sa thèse [ChT], T. Chinburg émet la conjecture plus précise suivante : si les coefficients de $g = \mathrm{Tr}_{E/\mathbb{Q}}(bf)$ sont entiers, alors $\exp I(g)$ est une unité dans K , c'est-à-dire que l'on peut prendre $m = 1$ dans la conjecture précédente. Cette conjecture se prête à "vérification" au sens exposé au paragraphe précédent, et c'est ce que fait encore Chinburg dans cinq cas particuliers où la représentation V_f est tétraédrale, c'est-à-dire où le groupe image de G par

$$G \longrightarrow GL(V_f) \longrightarrow PGL(V_f)$$

est isomorphe au groupe alterné $\mathfrak{A}_4$. Dans ces cas, le groupe G est d'ordre 48, le corps de décomposition K^{G_w} est donc de degré 24 ; mais le corps K^{N_w} est de degré 6, ce qui rend les calculs accessibles (voir la fin du §3).

§5. UN EXEMPLE CYCLOTOMIQUE

Voici un exemple où l'existence des unités de Stark est bien connue : Soient $m \geq 3$ un entier impair ou divisible par 4 , et ζ une racine primitive m-ième de l'unité. Posons $k = \mathbb{Q}$ et $K = \mathbb{Q}(\zeta)^+$, le sous-corps réel maximal du corps des racines m-ièmes de l'unité, et $S = \{\infty, p : p|m\}$. Le groupe $G = \mathrm{Gal}(K/k)$ est canoniquement isomorphe à $(\mathbb{Z}/m\mathbb{Z})^*/\{\pm 1\}$. Notons σ_a l'automorphisme de K correspondant à a mod m , c'est-à-dire la restriction à K de l'automorphisme de $\mathbb{Q}(\zeta)$ qui envoie ζ sur ζ^a . On a $\sigma_a = \sigma_{-a}$ et les fonctions ζ partielles s'écrivent

$$\zeta(s,\sigma_a) = \sum_{\substack{n=1 \\ n\equiv\pm a(\mathrm{mod}\ m)}}^{+\infty} |n|^{-s} = \sum_{\substack{n\in\mathbb{Z} \\ n\equiv a(\mathrm{mod}\ m)}} |n|^{-s} .$$

Considérons $\mathbb{Q}(\zeta)$ comme plongé dans $\mathbb{C}$ par $\zeta = e^{2i\pi/m}$ et notons $\varepsilon = (1-\zeta)(1-\zeta^{-1}) = 2 - 2\cos(2\pi/m)$. Il est bien connu que ε est une unité de K dès que Card $S \geq 3$, et que si Card $S = 2$, c'est-à-dire si m est une puissance d'un nombre premier, ε est encore une S-unité. On a

$$\varepsilon^{\sigma_a} = (1-\zeta^a)(1-\zeta^{-a}) = 2 - 2\cos(2\pi a/m) .$$

On peut calculer explicitement la dérivée au point 0 de la fonction ζ partielle (voir e.g [St IV], ou [WhW]). On trouve

$$\zeta'(0,\sigma_a) = -\frac{1}{2}\log(2 - 2\cos(2\pi a/m)) = \frac{1}{2}\log \varepsilon^{\sigma_a} .$$

On a donc, pour tout caractère χ (de dimension 1), de G :

$$L(s,\chi) = \sum_{\sigma\in G} \chi(\sigma)\, \zeta(s,\sigma) , \text{ et}$$

$$L'(0,\chi) = -\frac{1}{2}\sum_{\sigma\in G} \chi(\sigma) \log \varepsilon^{\sigma} .$$

L'ensemble S contient au moins deux éléments, dont l'un (∞) est totalement décomposé dans K . La formule I.3.4 montre donc que pour tout caractère χ , y compris le caractère trivial, on a $r(\chi) \geq 1$. Posant alors

$$\eta = \sum_{\chi} L'(0,\chi)e_{\bar\chi} = \frac{1}{\mathrm{Card}\ G}\sum_{\chi,\sigma} L'(0,\chi)\chi(\sigma).\sigma$$

on trouve $\eta = -\frac{1}{2\,\mathrm{Card}\,G}\sum_{\chi,\sigma,\tau} \chi(\sigma\tau)\log \varepsilon^{\tau}.\sigma$

$$= -\frac{1}{2}\sum_{\sigma}\log(\varepsilon^{\sigma^{-1}}).\sigma\ .$$

En particulier, si w est la place à l'infini de K correspondant au plongement de K dans $\mathbb{R}$ défini plus haut, les ε^{σ} étant positifs, on trouve

$$\eta w = -\frac{1}{2}\sum_{\sigma}\log \varepsilon^{\sigma^{-1}}.\sigma w$$

$$= -\frac{1}{2}\sum_{\sigma}\log |\varepsilon^{\sigma^{-1}}|_{w}\sigma w$$

$$= -\frac{1}{2}\sum_{\sigma}\log |\varepsilon|_{\sigma w}\sigma w$$

$$= \begin{cases} -\frac{1}{2}\lambda\varepsilon \quad \text{si Card } S \geqslant 3 \\ -\frac{1}{2}\lambda\varepsilon - \frac{1}{2}(\log p)w_p\ , \text{ si } S = \{\infty,p\} \\ \text{et } w_p \text{ l'unique place de } K \text{ au-dessus de } p. \end{cases}$$

Posons maintenant, pour tout entier m, $\zeta_m = e^{(2i\pi/m)}$ et $K_m = \mathbb{Q}(\zeta_m)$, l'égalité

$$\varepsilon = 2-\zeta_m-\zeta_m^{-1} = [\zeta_4(\zeta_{2m}-\zeta_{2m}^{-1})]^2$$

montre que ε est le carré d'une S-unité de K_{4m} si m est impair et de K_{2m} si m est pair. On en conclut en particulier que $K(\sqrt{\varepsilon})$ est abélien sur $\mathbb{Q}$. C'est cette situation qui va être généralisée - conjecturalement - au chapitre suivant.

Dans le cas où Card $S \geqslant 3$, les calculs ci-dessus reviennent à prendre pour Ψ l'ensemble des caractères χ de G tels que $r(\chi)=1$, ensemble qui ne contient pas le caractère trivial, et à prendre $a_{\chi}=1$ pour tout χ dans Ψ .

Dans le cas où Card $S = 2$, le caractère trivial intervient indûment puisqu'il vérifie $r(\chi)=1$ et il est responsable du terme correctif $-\frac{1}{2}(\log p)w_p$. Notons que si on remplace η par

$\tilde{\eta} = \sum_{\chi\neq 1} L'(0,\chi)e_{\bar{\chi}} = \eta + \frac{1}{2}(\log p).\frac{1}{[K:\mathbb{Q}]}\sum_{\sigma\in G}\sigma$ on trouve

$$\tilde{\eta}.w = -\frac{1}{2}\lambda\varepsilon - \frac{1}{2}\log p\ w_p + \frac{1}{2[K:\mathbb{Q}]}\log p \sum_{w'|\infty} w'$$

$$= -\frac{1}{2}\lambda\varepsilon + \frac{1}{2[K:\mathbb{Q}]}\lambda p\ .$$

$$= -\frac{1}{2[K:\mathbb{Q}]}\lambda\tilde{\varepsilon}$$

où $\tilde{\varepsilon} = \varepsilon^{[K:\mathbb{Q}]}.\rho^{-1}$ est une unité de K .

CHAPITRE IV : UNE CONJECTURE PLUS FINE DANS LE CAS ABÉLIEN

Les exemples du chapitre III font espérer que l'entier m intervenant en III, §3 pourrait être précisé. Stark le fait dans [St IV] sous l'hypothèse que K/k est une extension abélienne. C'est ce que nous allons exposer dans ce chapitre.

§1. NOTATIONS

Dans tout ce chapitre, K/k sera une extension abélienne de corps de nombres de groupe de Galois G, et e désignera l'ordre du groupe $\mu(K)$ des racines de l'unité dans K.

1.1 LEMME. _Soit_ T _un ensemble fini de places de_ k, _contenant les places archimédiennes, celles qui sont ramifiées dans_ K _et celles qui divisent_ e. _Alors l'annulateur du_ $\mathbb{Z}[G]$_-module_ $\mu(K)$ _est engendré sur_ $\mathbb{Z}$ _par les éléments_ $\sigma_{\mathfrak{p}}-N\mathfrak{p}$ (pour les notations, voir 0.3.4) _où_ $\mathfrak{p}$ _parcourt les idéaux premiers de_ k _non dans_ T. _On a aussi_ :

$$e = \underset{\mathfrak{p}\notin T,\sigma_{\mathfrak{p}}=1}{\operatorname{pgcd}} (1-N\mathfrak{p}) .$$

Pour une généralisation de ce lemme, voir [CoD] Lemma 2.3.

DÉMONSTRATION. Soient $\zeta \in \mu(K)$, $\mathfrak{p} \notin T$. On a, par définition de $\sigma_{\mathfrak{p}}$,

$$\zeta^{\sigma_{\mathfrak{p}}-N\mathfrak{p}} \equiv 1 \mod \mathfrak{p} .$$

Or $\mathfrak{p}$ ne contient pas e, donc en fait $\zeta^{\sigma_{\mathfrak{p}}-N\mathfrak{p}} = 1$. Donc $\sigma_{\mathfrak{p}}-N\mathfrak{p}$ annule $\mu(K)$ pour $\mathfrak{p}$ non dans T. Or tout élément de G s'écrit $\sigma_{\mathfrak{p}}$ pour un $\mathfrak{p} \not\in T$; tout élément de $\mathbb{Z}[G]$ s'écrit donc $\sum_{\mathfrak{p}\not\in T} \lambda_{\mathfrak{p}}(\sigma_{\mathfrak{p}}-N\mathfrak{p}) + n$, où les $\lambda_{\mathfrak{p}}$ sont des éléments de $\mathbb{Z}$ presque tous nuls et n est un entier. On voit donc qu'il suffit de prouver la dernière assertion du lemme. Pour tout $\mathfrak{p} \not\in T$ tel que $\sigma_{\mathfrak{p}} = 1$, on vient de voir que e divisait $1-N\mathfrak{p}$. Soit d'autre part e' un diviseur commun des $1-N\mathfrak{p}$ et ζ une racine primitive e'-ième de l'unité dans une extension de K. Tout élément de $\mathrm{Gal}(K(\zeta)/k)$ s'écrit $\sigma_{\mathfrak{p}}$ pour un $\mathfrak{p} \not\in T$ non ramifié dans $K(\zeta)$. L'hypothèse sur e' implique que si $\sigma_{\mathfrak{p}}$ vaut 1 sur K, il vaut 1 sur $K(\zeta)$; ζ est donc dans K et e' divise e, d'où le lemme.

Notons k^{ab} une clôture abélienne de k contenant K, et pour tout corps intermédiaire L, notons par un tilde l'homomorphisme canonique

$$U_L \longrightarrow \mathbb{Q}U_L$$
$$x \longmapsto \tilde{x},$$

où U_L est, comme d'habitude, le groupe des S-unités de L, S étant un ensemble fixé de places de k, fini et contenant les places archimédiennes. Le noyau de cet homomorphisme est le groupe $\mu(L)$ des racines de l'unité dans L. Notons encore :

$$U^{ab}_{K/k} = \{u \in U \mid K(u^{1/e}) \text{ est abélien sur } k\}.$$

La proposition suivante est très proche du lemme 6 de [StIV] et a donc son origine dans [Rob].

1.2 PROPOSITION. <u>Soient</u> $\{\sigma_i\}_{i\in I}$ <u>un système de générateurs de</u> G <u>et</u> $\{n_i\}_{i\in I}$ <u>un système d'entiers tels que pour tout</u> ζ <u>dans</u> $\mu(K)$ <u>et</u> i <u>dans</u> I <u>on ait</u> $\zeta^{\sigma_i} = \zeta^{n_i}$. <u>Pour tout</u> u <u>dans</u> $\mathbb{Q}U_K$, <u>les propriétés suivantes sont équivalentes</u> :

a) <u>Il existe</u> $\varepsilon \in U^{ab}_{K/k}$ <u>tel que</u> $eu = \tilde{\varepsilon}$.

b) <u>Il existe</u> $L \subset k^{ab}$ <u>tel que</u> $u \in \tilde{U}_L$.

c) <u>Pour presque toute place finie</u> $\mathfrak{p}$ <u>de</u> k <u>non rami-</u>

<u>fiée dans</u> K , <u>il existe un élément</u> $\varepsilon_{\mathfrak{p}}$ <u>de</u> U_K <u>tel que</u> $\varepsilon_{\mathfrak{p}} \equiv 1 \mod \mathfrak{p}\mathcal{O}_K$ <u>et que</u> $\tilde{\varepsilon}_{\mathfrak{p}} = u^{\sigma_{\mathfrak{p}} - N\mathfrak{p}}$.

d) <u>Il existe</u> ε <u>et</u> $\{\alpha_i\}_{i \in I}$ <u>dans</u> U_K <u>tels que</u>

$$eu = \tilde{\varepsilon} ,$$

$$\alpha_i^{\sigma_j - n_j} = \alpha_j^{\sigma_i - n_i} \quad \text{pour tout } i,j \text{ dans } I ,$$

$$\varepsilon^{\sigma_i - n_i} = \alpha_i^e \quad \text{pour tout } i \text{ dans } I .$$

DÉMONSTRATION. a $\Longrightarrow$ b : Il suffit de prendre $L = K(\varepsilon^{1/e})$, alors $u = \frac{1}{e}\tilde{\varepsilon} = \widetilde{\varepsilon^{1/e}} \in \tilde{U}_L$.

b $\Longrightarrow$ c : Soient $\eta \in U_L$ tel que $\tilde{\eta} = u$, et T un ensemble de places de k contenant S et vérifiant les hypothèses du lemme 1.1 pour L/k . Posons, pour tout $\mathfrak{p} \notin T$, $\varepsilon_{\mathfrak{p}} = \eta^{\sigma_{\mathfrak{p}} - N\mathfrak{p}}$. Soit maintenant $\tau \in \mathrm{Gal}(L/K)$. On a:

$$\widetilde{\eta^{\tau-1}} = \tilde{\eta}^{\tau-1} = 1 \text{ , donc } \eta^{\tau-1} \in \mu(L) \text{ et}$$

$$\varepsilon_{\mathfrak{p}}^{\tau-1} = (\eta^{\tau-1})^{\sigma_{\mathfrak{p}} - N\mathfrak{p}} = 1 \text{ d'après le lemme 1.1 .}$$

On en déduit que $\varepsilon_{\mathfrak{p}} \in U_K$. D'autre part, η est une unité à la place $\mathfrak{p}$. Par définition du Frobenius $\sigma_{\mathfrak{p}} \in \mathrm{Gal}(L/K)$, on a donc $\varepsilon_{\mathfrak{p}} \equiv 1 \mod \mathfrak{p}$. D'autre part, il est clair que $\tilde{\varepsilon}_{\mathfrak{p}} = u^{\sigma_{\mathfrak{p}} - N\mathfrak{p}}$.

c $\Longrightarrow$ d : Soit T un ensemble fini de places de k vérifiant les hypothèses du lemme 1.1 et contenant les places exclues dans la condition c). On a alors, pour $\mathfrak{p}, \mathfrak{q} \notin T$:

$$\widetilde{\varepsilon_{\mathfrak{p}}^{\sigma_{\mathfrak{q}} - N\mathfrak{q}}} = \widetilde{\varepsilon_{\mathfrak{q}}^{\sigma_{\mathfrak{p}} - N\mathfrak{p}}} ,$$

et les deux unités sous les tildes diffèrent par une racine de l'unité dans K dont on voit qu'elle est congrue à 1 modulo $\mathfrak{p}$ et $\mathfrak{q}$. Elles sont donc égales :

$$\varepsilon_{\mathfrak{p}}^{\sigma_{\mathfrak{q}} - N\mathfrak{q}} = \varepsilon_{\mathfrak{q}}^{\sigma_{\mathfrak{p}} - N\mathfrak{p}} \quad \text{pour } \mathfrak{p}, \mathfrak{q} \notin T .$$

Le lemme 1.1 implique l'existence de systèmes $\{b_p\}_{p\notin T}$ et $\{b_{ip}\}_{p\notin T}$ à support fini pour chaque i dans I d'éléments de $\mathbb{Z}[G]$ tels que

$$e = \sum_{p\notin T} b_p(\sigma_p - Np)$$

$$\sigma_i - n_i = \sum_{p\notin T} b_{ip}(\sigma_p - Np) \qquad \text{pour tout } i \in I$$

Posant alors

$$\varepsilon = \prod_{p\notin T} \varepsilon_p^{b_p} \quad \text{et} \quad \alpha_i = \prod_{p\notin T} \varepsilon_p^{b_{ip}}$$

on constate que ε et $\{\alpha_i\}_{i\in I}$ vérifient les conditions écrites en d).

d $\Longrightarrow$ a : Il s'agit de montrer que $K(\varepsilon^{1/e})$ est abélien sur k. Soit donc η une racine e-ième de ε et τ_i un prolongement quelconque de σ_i à $K(\eta)$. On a

$$(\eta^{\tau_i})^e = \varepsilon^{\sigma_i} = \varepsilon^{n_i}\alpha_i^e = (\eta^{n_i}\alpha_i)^e ,$$

$$\eta^{\tau_i} = \eta^{n_i}\alpha_i\,\zeta \text{ , avec } \zeta^e = 1 \text{ , donc } \zeta \in K \text{ , et}$$

$$\eta^{\tau_i - n_i} = \alpha_i\zeta \in K \text{ , donc } K(\eta) \text{ est galoisienne sur } k \text{ et}$$

$$(\eta^{\tau_i - n_i})^{\tau_j - n_j} = (\alpha_i\zeta)^{\sigma_j - n_j} = \alpha_i^{\sigma_j - n_j} = \alpha_j^{\sigma_i - n_i} = (\eta^{\tau_j - n_j})^{\tau_i - n_i}.$$

On en déduit que $K(\eta)/k$ est une extension abélienne.

1.3 COROLLAIRE. <u>Dans</u> $\mathbb{Q}U_{k^{ab}}$, <u>on a</u> : $\mathbb{Q}U_K \cap \widetilde{U}_{k^{ab}} = \frac{1}{e}\,\widetilde{U^{ab}_{K/k}}$.

Ce corollaire résulte du fait que b $\Longrightarrow$ a dans la proposition 1.2. Notre démonstration de cette implication utilise des automorphismes de Frobenius (pour le c)). En réalité, cette implication n'a rien à voir avec l'arithmétique, et relève plutôt de la théorie de Galois, comme le lecteur pourra le constater en démontrant le fait suivant :

1.4 EXERCICE. Soient F un corps quelconque, et F_{ab} une clôture abélienne de F . Pour tout corps intermédiaire L , on note $x \longmapsto \tilde{x}$ l'application canonique $L^* \longrightarrow \mathbb{Q}L^*$. Montrer que si $u \in \mathbb{Q}F^*_{ab}$ est un élément de $\widetilde{F^*_{ab}}$, et si

$m \geqslant 1$ est un entier tel que $mu \in \widetilde{F^*}$, on a en fait $eu \in \widetilde{F^*}$, où $e = \mathrm{Card}\{\zeta \in F : \zeta^m = 1\}$. [§]

Définissons une fonction méromorphe sur $\mathbb{C}$ à valeurs dans $\mathbb{C}[G]$ par la formule

1.5 $$\theta(s) = \theta_{K/k,S}(s) = \sum_{\chi} L(s,\chi) e_{\bar{\chi}} ,$$

où χ parcourt les caractères (irréductibles) de G et $e_{\bar{\chi}}$ est l'idempotent associé à $\bar{\chi}$ (voir III, §2). Pour toute place finie $\mathfrak{p}$ de k, posons

$$F_{\mathfrak{p}} = \frac{1}{\mathrm{Card}\, I_{\mathfrak{p}}} \sum_{\tau \in \sigma_{\mathfrak{p}}^{-1}} \tau \in \mathbb{Q}[G]$$

où $\sigma_{\mathfrak{p}}^{-1}$ est la classe inverse de la substitution de Frobenius $\sigma_{\mathfrak{p}}$ définie en 0.3.4.

1.6 PROPOSITION. a) <u>On a, pour</u> $\mathrm{Re}(s) > 1$:

$$\theta(s) = \prod_{\mathfrak{p} \notin S} (1 - F_{\mathfrak{p}} N\mathfrak{p}^{-s})^{-1} .$$

b) <u>Pour tout</u> s <u>dans</u> $\mathbb{C}$ <u>et tout caractère</u> χ <u>de</u> G <u>prolongé par linéarité à</u> $\mathbb{C}[G]$, <u>on a</u>

$$\chi(\theta(s)) = L(s,\bar{\chi}) .$$

c) <u>Si</u> S <u>contient les places ramifiées dans</u> K/k, <u>on a, pour</u> $\mathrm{Re}(s) > 1$,

$$\theta(s) = \sum_{(\mathfrak{A},S)=1} N\mathfrak{A}^{-s} \sigma_{\mathfrak{A}}^{-1} = \sum_{\sigma \in G} \zeta(s,\sigma)\sigma^{-1}$$

<u>où</u> $\zeta(s,\sigma) = \sum_{\substack{(\mathfrak{A},S)=1 \\ (\mathfrak{A},K/k)=\sigma}} N\mathfrak{A}^{-s}$ <u>est la fonction zêta partielle attachée à</u> $\sigma \in G$.

1.7 COROLLAIRE. <u>Pour tout</u> s <u>dans</u> $\mathbb{C}$ <u>et</u> $\mathfrak{p} \notin S$, <u>on a</u>

$$\theta_{S \cup \{\mathfrak{p}\}}(s) = \theta_S(s)(1 - F_{\mathfrak{p}} N\mathfrak{p}^{-s})$$

<u>et</u> $$\theta'_{S \cup \{\mathfrak{p}\}}(0) = \theta'_S(0)(1 - F_{\mathfrak{p}}) + \log N\mathfrak{p} . F_{\mathfrak{p}} . \theta_S(0) .$$

[§] Ce résultat semble être du à A. Schinzel; voir Th. 2 de <u>Abelian binomials...</u>, Acta Arithmetica XXXII (1977)

DÉMONSTRATION DE LA PROPOSITION 1.6. Les relations d'orthogonalité des caractères ([SRG] §2.3) s'écrivent $\chi(e_\psi) = 0$ si $\chi \neq \psi$ et $\chi(e_\chi) = 1$. L'assertion b) s'en déduit. D'autre part, on a

$$\chi(F_p) = \begin{cases} 0 & \text{si } \chi \text{ n'est pas trivial sur le groupe d'inertie } I_p \\ \chi(\sigma_p^{-1}) = \bar{\chi}(\sigma_p) & \text{dans le cas contraire,} \end{cases}$$

on en déduit que pour tout χ et s tel que $\mathrm{Re}(s) > 1$, on a

$$\chi\Big(\prod_{p \notin S} (1-F_p Np^{-s})^{-1}\Big) = \prod_{p \notin S, \chi|_{I_p}=1} (1-\bar{\chi}(\sigma_p)Np^{-s})^{-1} = L(s,\bar{\chi}) = \chi(\theta(s)).$$

Les caractères de G formant une base des formes linéaires sur $\mathbb{C}[G]$, on en déduit l'assertion a) et l'assertion c) se déduit immédiatement de celle-ci.

Soient H un sous-groupe de G et K' le corps fixe de H . Il y a un homomorphisme naturel

$$\pi : \mathbb{C}[G] \longrightarrow \mathbb{C}[G/H]$$

dont la restriction à G est la projection de G sur G/H . D'autre part, tout élément x de $\mathbb{C}[G]$ induit un endomorphisme du $\mathbb{C}[H]$-module libre $\mathbb{C}[G]$. Le déterminant de cet endomorphisme sera appelé la norme de x et on le notera

$$N : \mathbb{C}[G] \longrightarrow \mathbb{C}[H] .$$

1.8 PROPOSITION. <u>Avec les notations précédentes</u>, <u>on a</u>

$$\theta_{K'/k,S}(s) = \pi\theta_{K/k,S}(s)$$

$$\theta_{K/K',S_{K'}}(s) = N\theta_{K/k,S}(s)$$

DÉMONSTRATION. Pour tout caractère χ de G/H , $\chi\circ\pi$ est un caractère de G , et $\chi(\theta_{K'/k,S}(s)) = L_{K'/k,S}(s,\bar{\chi})$ $= L_{K/k,S}(s,\bar{\chi}\circ\pi) = \chi\circ\pi(\theta_{K/k,S}(s))$. Les éléments $\theta_{K'/k,S}(s)$ et $\pi\theta_{K/k,S}(s)$ de $\mathbb{C}[G/H]$ ont même image par tous les caractères de G/H et sont donc égaux.

De même désignons par χ^* le caractère de G induit par le caractère χ de H : χ^* est la somme des caractères (irréductibles) de G dont la restriction à H est χ, soit $\chi^* = \sum_{i=1}^{[G:H]} \chi_i$; or $\chi(\theta_{K/K',S_{K'}}(s)) = L_{K/K',S_{K'}}(s,\bar{\chi})$

$$= L_{K/k,S}(s,\bar{\chi}^*) = \prod_{i=1}^{[G:H]} L_{K/k,S}(s,\bar{\chi}_i) = \left(\prod_{i=1}^{[G:H]} \chi_i\right)(\theta_{K/k,S}(s)).$$

On conclut alors comme précédemment, en utilisant le fait que

$$\chi \circ N = \prod_{i=1}^{[G:H]} \chi_i .$$

Notons enfin une propriété des valeurs au point 0 des fonctions θ et θ' sur lesquelles nous reviendrons au §6. Pour toute place v de k, notons $NG_v = \sum_{\sigma \in G_v} \sigma$ la somme, dans $\mathbb{Z}[G]$, des éléments du groupe de décomposition G_v de v.

1.9 PROPOSITION. _Si_ Card $S \geqslant 2$, _pour tout_ v _dans_ S, _on a_ $NG_v.\theta(0) = 0$.

_Si_ Card $S \geqslant 3$, _pour tout_ $v, v', v \neq v'$ _dans_ S, _on a_ $NG_v.NG_{v'}.\theta'(0) = 0$.

DÉMONSTRATION. Pour tout caractère χ de G, $\chi(NG_v) =$ Card G_v ou 0 selon que χ est, ou non, trivial sur G_v. La formule I.3.4 montre donc que $\chi(NG_v).L(0,\bar{\chi}) = 0$ pour tout $\chi \neq 1$, et aussi pour $\chi = 1$ si Card $S \geqslant 2$, d'où la première assertion. La deuxième se démontre exactement de la même manière.

1.10 REMARQUE. La première assertion de 1.9 peut s'interpréter en disant que $\theta(0)Y = 0$ dès que Card $S \geqslant 2$. On voit que l'on peut toujours écrire $\theta(0)X = \{0\}$, sans hypothèse sur Card S.

§2. ÉNONCÉ DE LA CONJECTURE St(K/k,S)

On garde les notations du §1.

2.1 CONJECTURE (Première forme). *Supposons que* K/k *soit une extension abélienne, et que* S *vérifie les trois conditions suivantes* :

a) S *contient les places archimédiennes et les places ramifiées dans* K

b) S *contient au moins une place totalement décomposée dans* K

c) Card $S \geqslant 2$.

Alors $$\theta'_{K/k}(0)X_K \subset \frac{1}{e}\lambda(U^{ab}_{K/k})$$

ou, de manière équivalente,

$$\lambda^{-1}\theta'_{K/k}(0)X_K \subset \widetilde{U}_{k^{ab}}$$

(l'équivalence des deux conclusions résulte de 1.3).

Nous supposerons jusqu'à la fin du chapitre que S satisfait aux conditions a), b) et c). Notons v une place de S totalement décomposée dans K , et w un de ses prolongements à K . Posons

$$U^{(v)} = \{u \in U : |u|_{w'} = 1 \quad \text{pour tout} \quad w' \nmid v\}, \text{ si Card } S \geqslant 3 ,$$

$$\text{et } U^{(v)} = \{u \in U : |u|_{\sigma w'} = |u|_{w'} \quad \text{pour tout} \quad \sigma \quad \text{dans} \quad G\},$$

si $S = \{v, v'\}$ et si w' est un prolongement de v' à K . On peut alors énoncer cette variante de la conjecture 2.1 :

2.2 CONJECTURE (Seconde forme). *Sous les hypothèses de* 2.1, *et avec* v *et* w *comme ci-dessus, il existe une unité* $\varepsilon \in U^{ab}_{K/k} \cap U^{(v)}$ *telle que*

$$\log |\varepsilon^{\sigma}|_w = -e\,\zeta'(0,\sigma) \quad \text{pour tout } \sigma \text{ dans } G ;$$

ou, de manière équivalente, que

$$L'(0,\chi) = -\frac{1}{e}\sum_{\sigma}\chi(\sigma)\log|\varepsilon^{\sigma}|_w , \quad \text{pour tout } \chi \text{ dans } \hat{G} .$$

L'équivalence des deux formules de 2.2 est évidente.

2.3 REMARQUE. Les conditions imposées à l'unité ε la fixent à une racine de l'unité dans K près. Il est d'autre part facile de montrer que dans le cas où G est cyclique et où S ne contient qu'une place totalement décomposée dans K, une telle unité ε, si elle existe, engendre K sur k. En effet, sous ces conditions, on a $L'(0,\chi) \neq 0$ pour tout caractère <u>fidèle</u> $\chi : G \hookrightarrow \mathbb{C}^*$. Si donc $\tau \in G$ est tel que $\varepsilon^\tau = \varepsilon$, on voit, en remplaçant σ par $\sigma\tau$ dans la dernière formule que $\chi(\tau) = 1$, donc $\tau = 1$.

2.4 PROPOSITION. <u>Les conjectures</u> 2.1 <u>et</u> 2.2 <u>sont équivalentes</u>.

Dans la suite, nous noterons $St(K/k,S)$ l'un ou l'autre des énoncés 2.1 et 2.2 (le St est évidemment mis pour Stark).

DÉMONSTRATION. Soit w' une place de S_K ne divisant pas v - il en existe d'après la condition c) -, la conjecture 2.1 affirme l'existence d'un ε dans $U^{ab}_{K/k}$ tel que

$$\theta'(0).(w'-w) = \frac{1}{e}\lambda(\varepsilon) .$$

La condition a) étant remplie, on a, d'après 1.6 :

$$\theta'(0) = \sum_{\chi\in\hat{G}} L'(0,\chi)e_{\bar{\chi}} = \sum_{\sigma\in G} \zeta'(0,\sigma)\sigma^{-1} ,$$

d'où $$\frac{1}{e}\lambda(\varepsilon) = \sum_{\chi\in\hat{G}} L'(0,\chi)e_{\bar{\chi}}w' - \sum_{\sigma\in G} \zeta'(0,\sigma)\sigma^{-1}w .$$

Soit $\chi \in \hat{G}\setminus\{1\}$. Si la multiplicité de χ dans $\mathbb{C}Y$ est supérieure ou égale à 2, on a $L'(0,\chi) = 0$. Sinon la χ-composante de $\mathbb{C}Y$ est contenue dans $\bigoplus_{\sigma\in G} \mathbb{C}.\sigma w$ qui est la représentation régulière de G. On a donc $e_{\bar{\chi}}w' = 0$. On en conclut que

$$\sum_{\chi\in G} L'(0,\chi)e_{\bar{\chi}}.w' = \zeta'_{k,S}(0).\frac{1}{\text{Card } G} \sum_{\sigma\in G} \sigma w' .$$

Or, si $\text{Card } S \geqslant 3$, $\zeta'_{k,S}(0) = 0$; si $S = \{v,v'\}$, on voit que tous les coefficients de l'expression précédente sont égaux entre eux. Ceci implique que ε est dans $U^{(v)}$ et que pour tout σ dans G, on a

$$\frac{1}{e}\log|\varepsilon^\sigma|_w = \frac{1}{e}\log|\varepsilon|_{\sigma^{-1}w} = -\zeta'_{K/k,S}(0,\sigma) .$$

Réciproquement, si un tel ε existe, il vérifie

$$\frac{1}{e}\lambda(\varepsilon) = \theta'(0)(w'-w)$$

pour toute place w' ne divisant pas v . De même, pour tout σ dans G , $\frac{1}{e}\lambda(\varepsilon^{\sigma}) = \theta'(0)(w'-w^{\sigma})$.
Or, l'ensemble des $(w'-w^{\sigma})$ engendre X sur $\mathbb{Z}$, et on a bien

$$\theta'(0)X \subset \frac{1}{e}\lambda(U^{ab}_{K/k}) .$$

§3. DÉPENDANCE DE LA CONJECTURE EN S ET EN K

Dans la version 2.2 de la conjecture, la place v telle que $G_v = \{1\}$ joue un rôle particulier, alors que les conditions a-c sur S n'assurent pas son unicité. On a en fait la

3.1 PROPOSITION. La conjecture $St(K/k,S)$ est vraie si S contient deux places totalement décomposées dans K .

DEMONSTRATION. Soient v et v' deux telles places. On a vu en 1.9 que, si $\mathrm{Card}\, S \geqslant 3$, $0 = NG_v . NG_{v'} . \theta'(0) = \theta'(0)$, d'où le résultat sous la forme 2.1. L'unité ε de 2.2 peut être prise égale à 1 . Il reste à examiner le cas où $S = \{v,v'\}$. Le groupe des S-unités de k est alors de rang 1 : notons η une S-unité fondamentale de k telle que $|\eta|_v > 1$.

On a $\zeta'_{k,S}(0) = -\dfrac{h_S R_S}{\mathrm{Card}\,\mu(k)} = L'_{K/k,S}(0,1)$

où $R_S = \log |\eta|_v$. Posons $m = \dfrac{e}{\mathrm{Card}\,\mu(k)} \cdot \dfrac{h_S}{[K:k]}$, le premier facteur est évidemment entier ; d'autre part, l'extension K/k étant abélienne, non ramifiée hors de S , et totalement décomposée aux places de S , son groupe de Galois est un quotient du groupe des S-classes d'idéaux de k et $\dfrac{h_S}{[K:k]}$ est aussi un entier. Posons alors $\varepsilon = \eta^m$.
Il est clair que $\varepsilon \in U^{(v)}$, et que $K(\varepsilon^{\frac{1}{e}}) \subset K(\eta^{\frac{1}{\mathrm{Card}\,\mu(k)}})$ est abélienne sur k . Donc

$$\varepsilon \in U^{(v)} \cap U^{ab}_{K/k} ,$$

$$L'(0,1) = -\frac{h_S R_S}{\mathrm{Card}\,\mu(k)} = -\frac{[K:k]}{e} \log |\varepsilon|_w ,$$

et $\quad L'(0,\chi) = 0 = \dfrac{1}{e}\sum_{\sigma\in G} \chi(\sigma) \log |\varepsilon^{\sigma}|_w \quad$ pour $\chi \neq 1$.

La condition 2.2 est donc remplie par ε .

3.2 COROLLAIRE. La conjecture St(k/k,S) est vraie.

3.3 COROLLAIRE. La conjecture St(K/k,S) est vraie dès que k a au moins deux places complexes.

3.4 PROPOSITION. Si St(K/k,S) est vraie, St(K/k,S') est encore vraie pour tout $S' \supset S$.

DÉMONSTRATION. Notons d'abord que si S vérifie les conditions a-c, il en est de même de S'. Soit v une place de S telle que $G_v = \{1\}$. La proposition 1.9 donne $0 = NG_v.\theta_S(0) = \theta_S(0)$. On déduit alors du corollaire 1.7 que

$$\theta'_{S\cup\{p\}}(0) = (1-F_p)\theta'_S(0)$$

pour $p \in S'\setminus S$. Mais la condition a) implique que $1-F_p \in \mathbb{Z}[G]$. On a donc $\theta'_{S\cup\{p\}}(0)X \subset \theta'_S(0)X$, d'où le résultat par récurrence sur Card $S'\setminus S$.

3.5 PROPOSITION. Si St(K/k,S) est vraie, St(K'/k,S) est encore vraie pour tout corps K' intermédiaire entre K et k .

DÉMONSTRATION. Notons d'abord que les conditions a-c sont vérifiées par S pour K'/k si elles le sont pour K/k . D'autre part on a, d'après 1.8

$$\theta'_{K'/k}(0)X_{K'} = \theta'_{K/k}(0)X_{K'} \subset \theta'_{K/k}(0)X_K .$$

En appliquant λ^{-1} , on obtient la deuxième forme de 2.1 pour K'/k . On peut se demander ce que devient l'unité ε de 2.2 dans cette situation. L'équivalence des propriétés a) et c) de la proposition 1.2 montre que si $u = \frac{1}{e}\tilde{\varepsilon} \in \frac{1}{e}\widetilde{U^{ab}_{K/k}}$, alors $N_{K/K'}u \in \frac{1}{e'}\widetilde{U^{ab}_{K'/k}}$. On en déduit l'existence d'un élément ε' de $\widetilde{U^{ab}_{K'/k}}$ et d'une racine de l'unité ζ dans K' telle que $\varepsilon'^{e/e'} = \zeta.N_{K/K'}\varepsilon$. On constate alors que ε' vérifie bien les conditions de 2.2.

3.6 REMARQUE. On ignore si ζ peut toujours être prise égale à 1. C'est toutefois le cas quand $e = e'$, car alors on peut simplement poser $\varepsilon' = N_{K/K'}\varepsilon$. C'est le cas en particulier si la place v est réelle, car dans ce cas $e = e' = 2$. Nous allons étudier plus précisément la situation dans ce cas.

3.7 Le cas réel. Supposons donc que la place w de 2.2 soit réelle, correspondant à un plongement fixé de K dans $\mathbb{R}$. On a donc

$$k \subset K \subset K_w = k_v = \mathbb{R} ,$$

et, en particulier, $e = 2$. On peut alors imposer à l'unité ε d'être positive pour ce plongement. Il en sera alors de même pour tous ses conjugués ε^σ , $\sigma \in G$. En effet, si $\varepsilon \in U_{K/k}^{ab}$, $\varepsilon^{\sigma-1} \in U^2$ et $\varepsilon^{\sigma-1} > 0$. Pour tout élément $\alpha > 0$ de K , on a $\alpha = |\alpha|_w$. La première formule de 2.2 s'écrit donc

$$\varepsilon^\sigma = \exp(-2\zeta'(0,\sigma)) \qquad \text{pour tout } \sigma \text{ dans } G .$$

Notons $\varepsilon(K,S,w)$ l'unité ainsi choisie. On constate alors facilement que

$$\varepsilon(K,S,w^\sigma) = \varepsilon(K,S,w)^\sigma \qquad \text{pour tout } \sigma \text{ dans } G$$

et que pour toute extension intermédiaire K', $k \subset K' \subset K$, on a

$$\varepsilon(K',S,w_{|K'}) = N_{K/K'}\, \varepsilon(K,S,w) .$$

Si $\operatorname{Card} S \geqslant 3$ et s'il y a deux places dans S qui sont complètement décomposées dans K', on a $\varepsilon(K',S,w_{|K'}) = 1$ (voir 3.1). On en conclut que, si $\operatorname{Card} S \geqslant 3$, on a

$$\prod_{\tau \in G_{v'}} \varepsilon(K,S,w)^\tau = 1$$

pour tout $v' \in S\setminus\{v\}$. En particulier, si $\tau_{v'}$ est la conjugaison complexe associée à une place réelle $v' \neq v$ de k on a

$$\varepsilon(K,S,w)^{\tau_{v'}} = \varepsilon(K,S,w)^{-1}$$

si Card $S \geq 3$; en effet, c'est évident si $\tau_{v'} \neq 1$, car alors $G_{v'} = \{1, \tau_{v'}\}$, et si $\tau_{v'} = 1$ on a encore $\varepsilon(K,S,w) = 1$.

Il est naturel de demander quelles sont les extensions abéliennes de k engendrées par les $\varepsilon(K,S,w)$. Si k n'est pas totalement réel, on trouve seulement k , puisque $\varepsilon(K,S,w) = 1$ si Card $S \geq 3$ et $\varepsilon(K,S,w) \in k$ si Card $S = 2$ (voir 3.1). Si k est totalement réel on les trouve presque toutes :

3.8 PROPOSITION. Soient k un corps de nombres totalement réel, v une place réelle de k correspondant à un plongement fixé $k \hookrightarrow \mathbb{R}$, et S_∞ l'ensemble de toutes les places à l'infini de k . Soit $k_{ab}^{(v)}$ la clôture abélienne de k dans $\mathbb{R}$. Pour chaque place $v' \in S_\infty \setminus \{v\}$, soit $\tau_{v'} \in \mathcal{G} = \mathrm{Gal}(k_{ab}^{(v)}/k)$ la conjugaison complexe correspondante. Enfin soit H_v le sous-groupe de $\mathcal{G}$ engendré par les $\tau_{v'} \cdot \tau_{v''}$, pour $v', v'' \in S_\infty \setminus \{v\}$. Alors l'extension de k engendrée par les $\varepsilon(K,S,w)$ est le corps fixe de H_v . En particulier, si $[K:\mathbb{Q}] = 2$, c'est $k_{ab}^{(v)}$.

DÉMONSTRATION. On a vu que $\varepsilon(K,S,w)^{\tau_{v'}} = \varepsilon(K,S,w)^{-1}$. On en déduit que H_v fixe tous les $\varepsilon(K,S,w)$.

D'autre part, pour tout caractère χ de $\mathcal{G}$ on a $\chi(\tau_{v'}) = \pm 1$ pour tout $v' \in S_\infty \setminus \{v\}$. Les caractères triviaux sur H_v sont donc les caractères impairs (tels que $\chi(\tau_{v'}) = -1$ pour tout $v' \in S_\infty \setminus \{v\}$) et les caractères pairs (tels que $\chi(\tau_{v'}) = +1$ pour tout $v' \in S_\infty \setminus \{v\}$). Si α est un élément positif de k dont tous les conjugués sont négatifs, le caractère non trivial de $k(\sqrt{\alpha})/k$ induit un caractère impair de $\mathcal{G}$. Ceci démontre qu'il existe de tels caractères. On en déduit que les caractères impairs de $\mathcal{G}$ engendrent le groupe des caractères de $\mathcal{G}$ triviaux sur H_v .

Soient χ un caractère impair, K_χ le corps fixe du noyau de χ , S_χ l'ensemble de places de k formé de S_∞ et des places ramifiées dans K_χ , w la place de K_χ

donnée par l'inclusion $K_\chi \subset \mathbb{R}$. On a vu en 2.3 que $\varepsilon(K_\chi, S_\chi, w)$ engendre K_χ , puisque K_χ/k est cyclique, et v est la seule place de k totalement décomposée dans K_χ puisque χ est impair. Comme les différents χ engendrent $\widehat{G/H_v}$, les K_χ engendrent $k_{ab}^{(v)^{H_v}}$, d'où le résultat.

Si la conjecture St(K/k,S) est vraie dans cette situation, on vient de voir que la formule

$$\varepsilon = \exp(-2\zeta'(0,1))$$

donnait des nombres algébriques qui engendrent les extensions abéliennes de k comme valeurs de fonctions transcendantes. Trouver d'une telle façon des générateurs des corps de classes est la forme vague du 12e problème de Hilbert, et la conjecture de Stark représente une importante contribution à ce problème. A vrai dire, c'est une contribution totalement inattendue : Hilbert voulait qu'on trouve et discute des fonctions jouant, pour un corps de nombres arbitraire, le même rôle que la fonction exponentielle pour $\mathbb{Q}$ et que les fonctions modulaires elliptiques pour les corps quadratiques imaginaires. Par contre, l'énoncé de Stark, utilisant directement les fonctions L , passe à côté de ces fonctions transcendantes inconnues attendues par Hilbert. Peut-être la connaissance de ces dernières sera-t-elle nécessaire pour démontrer la conjecture de Stark ?

C'est en tout cas ce qui se passe pour $k = \mathbb{Q}$ ou k quadratique imaginaire comme nous allons le voir.

3.9 PROPOSITION. <u>La conjecture</u> St(K/k,S) <u>est vraie si</u> $k = \mathbb{Q}$ <u>ou si</u> k <u>est un corps quadratique imaginaire</u>.

DÉMONSTRATION PARTIELLE. Dans le cas où $k = \mathbb{Q}$ et où la place décomposée est la place à l'infini, le corps K est un sous-corps du sous-corps réel maximal d'un corps cyclotomique dans lequel ramifient exactement les nombres premiers qui ramifient dans K . Le résultat se déduit alors de l'exemple III, § 5 , et des propositions 3.5 et 3.4.

Dans le cas où $k = \mathbb{Q}$ et où la place décomposée est une place finie, le résultat découle du théorème classique de Stickelberger comme on le verra au §6 de ce chapitre.

Enfin, le cas où k est quadratique imaginaire est traité dans [St IV]. Dans ce travail, Stark démontre à nouveau les faits fondamentaux 1) à 6) que nous citons ci-dessous sans démonstration. Pour le reste, notre démonstration est celle de Stark, légèrement simplifiée par l'utilisation de la proposition 1.2, ce qui évite aussi l'étude assez intéressante que fait Stark du comportement des fonctions modulaires dans le cas $w(\mathfrak{m}) \neq 1$ (voir plus loin les notations).

Soient L un réseau de $\mathbb{C}$, $\sigma(u,L)$ et $\zeta(u,L)$ les fonctions classiques de Weierstrass. Soit $\eta(u,L)$ la fonction $\mathbb{R}$-linéaire sur $\mathbb{C}$ telle que

$$\zeta(u+\omega,L) = \zeta(u,L) + \eta(\omega,L)$$

pour tout ω dans L. On pose

$$G(u,L) = e^{-6u.\eta(u,L)}\sigma^{12}(u,L)\,\Delta(L)$$

où $\Delta(L) = g_2(L)^3 - 27g_3(L)^2$ est le discriminant.

Soit maintenant k un corps quadratique imaginaire plongé dans $\mathbb{C}$. Soit $\mathfrak{m}$ un idéal entier de k, $\mathfrak{m} \neq (1)$, et $Cl(\mathfrak{m})$ le groupe des classes de rayon modulo $\mathfrak{m}$. Soit f le plus petit entier positif dans $\mathbb{Z} \cap \mathfrak{m}$. Pour chaque classe $c \in Cl(\mathfrak{m})$, l'invariant de Siegel-Ramachandra $g_{\mathfrak{m}}(c)$ est défini par

$$g_{\mathfrak{m}}(c) = G(1,\mathfrak{m}\mathfrak{a}^{-1})^f$$

où $\mathfrak{a}$ est un idéal entier de k appartenant à la classe c. On connait (voir [Sie], [Ram], [K-L]) les propriétés suivantes de cet invariant :

1) $g_{\mathfrak{m}}(c)$ ne dépend pas du choix de $\mathfrak{a}$ dans c.

2) $g_{\mathfrak{m}}(c)$ appartient au corps de classes de rayon modulo $\mathfrak{m}$, noté $K(\mathfrak{m})$, de k.

3) Notons $\sigma_c \in \mathrm{Gal}(K(\mathfrak{m})/k)$ l'automorphisme de $K(\mathfrak{m})$ associé à la classe c par l'homomorphisme d'Artin. On a

$$g_{\mathfrak{m}}(c) = g_{\mathfrak{m}}(1)^{\sigma_c} .$$

4) $g_{\mathfrak{m}}(c)$ est une unité si $\mathfrak{m}$ a au moins deux diviseurs premiers distincts dans k. Si $\mathfrak{m}$ est une puissance d'un idéal premier $\mathfrak{p}$, alors $g_{\mathfrak{m}}(c)$ est une $\{\infty,\mathfrak{p}\}$-unité, et, pour tout σ dans $\mathrm{Gal}(K(\mathfrak{m})/k)$, $g_{\mathfrak{m}}(c)^{1-\sigma}$ est une unité.

5) L'extension $k(g_{\mathfrak{m}}(c)^{\frac{1}{12f}})$ de k est abélienne.

6) On a la "deuxième formule limite de Kronecker"

$$\zeta'_{\mathfrak{m}}(0,\sigma) = -\frac{1}{12f.w(\mathfrak{m})} \log |g_{\mathfrak{m}}(1)^{\sigma}|$$

pour tout σ dans $G = \mathrm{Gal}(K(\mathfrak{m})/k)$, où :

$|z| = z\bar{z}$ désigne la valeur absolue normée sur $\mathbb{C}$ (cf. 0.0.2).

$\zeta_{\mathfrak{m}}(s,\sigma)$ désigne la fonction ζ partielle relative à $K(\mathfrak{m})/k$ que l'on notait $\zeta_S(s,\sigma)$ jusqu'ici, avec $S = \{\infty\} \cup \{\mathfrak{p} : \mathfrak{p}|\mathfrak{m}\}$.

$w(\mathfrak{m}) = \mathrm{Card}\ \{\zeta \in \mu(k) : \zeta \equiv 1 \bmod \mathfrak{m}\}$.

Soit maintenant K une extension abélienne de k, que nous supposons (sans perte de généralité) plongée dans $\mathbb{C}$. Soit S un ensemble de places de k vérifiant les conditions a-c de 2.1. Il existe alors un idéal entier $\mathfrak{m}$ de k à support égal à $S \setminus \{\infty\}$ et tel que $K \subset K(\mathfrak{m})$ et $w(\mathfrak{m}) = 1$ (il suffit de prendre $\mathfrak{m} = \left(\prod_{\mathfrak{p} \in S\setminus\{\infty\}} \mathfrak{p}\right)^n$ pour un entier n assez grand). L'ensemble S vérifie encore les conditions a-c pour $K(\mathfrak{m})/k$, et, d'après 3.5, il suffit de démontrer $\mathrm{St}(K(\mathfrak{m})/k,S)$ pour avoir $\mathrm{St}(K/k,S)$. Nous supposerons donc désormais $K = K(\mathfrak{m})$, avec $w(\mathfrak{m}) = 1$. La propiété 4) ci-dessus implique que $g_{\mathfrak{m}}(1) \in U$. On pose

$$u = \frac{1}{12f} \cdot \widetilde{g_{\mathfrak{m}}(1)} \in \mathbb{Q}U .$$

D'après la propriété 5) ci-dessus, on a $u \in \widetilde{U}_{k^{ab}}$.
D'après la proposition 1.2 (et plus précisément b) $\Longrightarrow$ a))

on en déduit l'existence d'un ε dans $U^{ab}_{K/k}$ tel que $e.u=\tilde{\varepsilon}$. Donc

$$\varepsilon^{12f} = g_{\mathfrak{m}}(1)^e \zeta \text{ , avec } \zeta^e = 1 \text{ .}$$

On déduit alors de la propriété 6) la formule

$$\zeta'_S(0,\sigma) = -\frac{1}{e} \log |\varepsilon^{\sigma}| \quad \text{pour tout } \sigma \text{ dans } G \text{ .}$$

On voit encore grâce à la propriété 4) que

$$\begin{cases} |\varepsilon|_w = 1 & \text{pour } w \in S \setminus \{\infty\} \text{ si Card } S \geqslant 3 \\ |\varepsilon|_{\sigma w} = |\varepsilon|_w & \text{pour tout } \sigma \text{ dans } G \text{ si } S = \{\infty, p\} \text{ et } w|p \end{cases}$$

c'est-à-dire que ε satisfait à toutes les conditions de 2.2, ce qui achève de démontrer la proposition.

3.10 PROPOSITION. <u>La conjecture</u> St(K/k,S) <u>est vraie si</u> Card $S=2$.

DÉMONSTRATION. Comme $S \supset S_\infty$, et le cas Card $S_\infty = 1$ ayant été traité en 3.7, il reste à examiner le cas où $S = S_\infty = \{v,v'\}$. L'élément -1 de k , étant une unité, est une norme locale de l'extension K/k pour toutes les places hors de S puisqu'elles sont non ramifiées (voir [CF], ch. I §7 corollaire de la prop. 3) et il en est de même pour la place v . On en déduit que -1 est aussi une norme locale en v' et on a donc $G_{v'} = \{1\}$ d'où le résultat d'après 3.1.

§4. UNE CONFIRMATION NUMÉRIQUE

L'exemple qui suit est traité dans [StH] et dans les dernières pages de [StIV] . Soient $\beta = 3.079118864...$ la plus grande des trois racines réelles du polynôme

$$f(X) = X^3-X^2-9X+8 = (X-1)(X+3)(X-3)-1$$

et $k = \mathbb{Q}(\beta)$. Le corps k est totalement réel de discriminant $2597 = 7^2 \times 53$; son anneau d'entiers est $\mathbb{Z}[\beta]$. On a $(\beta-1)(\beta+3)(\beta-3) = 1$; donc $\beta-1$, $\beta+3$, et $\beta-3$ sont des unités de k . En fait, $\{\beta-1,\beta+3\}$ est un système d'unités fondamentales. Le groupe de classes d'idéaux de k est d'ordre 3 , engendré par la classe de $\mathfrak{p}_2 = (\beta,2)$; on a $\mathfrak{p}_2^3 = (\beta)$.

Considérons les corps dans le diagramme suivant :

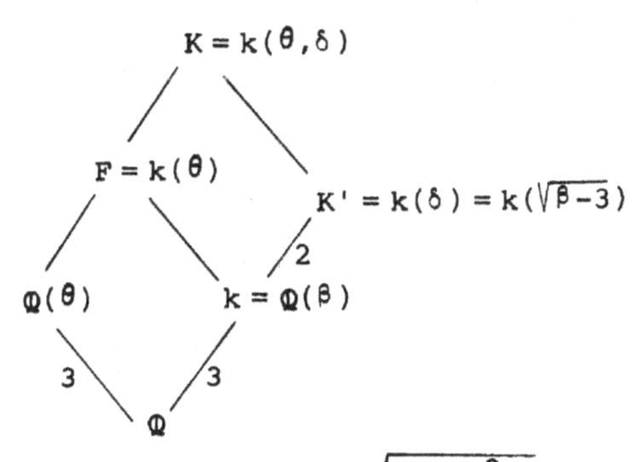

où $\theta = 2\cos\frac{2\pi}{7}$, et $\delta = \frac{(\beta+1)-\sqrt{(\beta+1)^2-4}}{2}$ est la plus petite des racines de l'équation

$$X^2-(\beta+1)X+1 = 0 .$$

L'extension $\mathbb{Q}(\theta)/\mathbb{Q}$ est cyclique de degré 3 , ramifiée seulement en 7. La ramification en 7 disparait sur k , parce que, sur $\mathbb{Q}_7$, les deux extensions $\mathbb{Q}_7(\theta)$ et $\mathbb{Q}_7(\beta)$ sont cycliques de degré 3 , mais il n'existe pas d'extension totalement ramifiée de type (3,3) de $\mathbb{Q}_7$. Donc F/k est non-ramifiée aux places finies. De même pour K'/k , parce que le discriminant de l'équation pour δ sur k est $(\beta+1)^2-4 = (\beta+3)(\beta-1)$, une unité dans $\mathfrak{O}_k$. Notons $\beta_2 = 0.878468...$ et $\beta_3 = -2.957586...$ les conjugués de β, et ∞ (resp. ∞_2 , resp. ∞_3) les places correspondant aux plongements $\beta \longmapsto \beta$ (resp. β_2 , resp. β_3) de k dans $\mathbb{R}$. Ces trois places réelles de k se décomposent complètement dans F ; dans K', ∞ se décompose, parce que $(\beta+1)^2 > 4$, mais ∞_2 et ∞_3 sont ramifiées parce que $(\beta_i+1)^2 < 4$ pour $i=2,3$. On en conclut que F est le corps de classes de Hilbert de k , et K est le corps de rayon modulo $\{\infty_2,\infty_3\}$ de k (cf. 0.2.6).

Considérons maintenant la conjecture $St(K/k,S)$ pour $S = \{\infty,\infty_2,\infty_3\}$. Le groupe $G = Gal(K/k)$ est cyclique d'ordre 6 . Un générateur σ de G est donné par le symbole d'Artin de l'idéal $\mathfrak{p}_2 = (\beta,2)$ de $\mathbb{Z}[\beta]$. On a $N\mathfrak{p}_2 = 2$, donc σ agit sur θ comme la substitution de Frobenius de 2 :

$$\theta^\sigma = 2\cos\frac{4\pi}{7}\ ,\ \theta^{\sigma^2} = 2\cos\frac{6\pi}{7}\ ,\ \theta^{\sigma^3} = \theta\ ;$$

et σ agit non-trivialement sur K' parce que $\mathfrak{p}_2^3 = (\beta)$, et $\beta_2\beta_3 < 0$.

Toutes les places de S sont totalement décomposées dans F. On voit donc comme en 3.1 que la conjecture St(F/k,S) est vraie et que l'unité correspondante est 1. Conformément à la remarque 3.6 on cherche donc une unité ε de K telle que $N_{K/F}\varepsilon = 1$; reste à préciser $Tr_{K/F}\varepsilon$. On veut trouver

$$\varepsilon^{\sigma^j} = \exp(-2\zeta'(0,\sigma^j))\ ,\ \text{pour}\ \ j = 0,\ldots,5.$$

Avec un ordinateur qui a fonctionné avec une précision intérieure de 10^{-16} Stark a trouvé les valeurs suivantes :

$$2\zeta'(0,\sigma^0) = -2\zeta'(0,\sigma^3) = 2{,}6229258798145494\ldots$$

$$2\zeta'(0,\sigma) = -2\zeta'(0,\sigma^4) = -0{,}55674277199362199\ldots$$

$$2\zeta'(0,\sigma^2) = -2\zeta'(0,\sigma^5) = -0{,}72668091960461237\ldots$$

(Pour quelques commentaires sur la méthode utilisée pour faire ces calculs, voir [St H]).

Pour $A = Tr_{K/F}\varepsilon = \varepsilon+\varepsilon^{\sigma^3} = \varepsilon+\varepsilon^{-1}$ on doit donc avoir

(*) $A \sim 13.84856\ldots,\ A^\sigma \sim 2.318052\ldots,\ A^{\sigma^2} \sim 2.5517158\ldots$.

Posons $x_j = Tr_{F/k}(A\theta^{\sigma^j}) \in \mathbb{Z}[\beta]$. On aura $|x_j|_{\infty_2} < 12$, $|x_j|_{\infty_3} < 12$, et

$$x_0 \sim 11.6392\ldots,\ x_1 \sim -7.1582\ ,\ x_2 \sim -23.1993\ldots\ .$$

Si les dernières approximations sont à moins de 24^{-2} il y aura au plus une solution. En cherchant un peu on trouve facilement qu'il y en a une, à savoir,

$$x_o = [1,2,-4] \ , \ x_1 = [0,-2,-1] \ , \ x_2 = [-2,-3,5] \ ,$$

où on pose $[\ell,m,n] = \ell\beta^2 + m\beta + n$, pour abréger. Ces x_j déterminent A ; on trouve, comme Stark,

$$A = -\tfrac{1}{7}([1,4,4]\theta + [2,8,1]\theta^{\sigma} + [4,9,-5]\theta^{\sigma^2}) \ .$$

Par construction, cet élément satisfait (*).

Soit ε la plus petite des racines de l'équation $X^2-AX+1 = 0$. On a $F(\varepsilon) = F(\sqrt{\beta-3}) = K$, parce que

$$(\beta-3)(A^2-4) = B^2 \ ,$$

où $B \in F$ est donné par

$$B = -\tfrac{1}{7}([1,-1,-6]\theta + [-1,4,5]\theta^{\sigma} + [0,4,1]\theta^{\sigma^2}) \ .$$

En particulier, $\varepsilon^{\sigma^3} = \varepsilon^{-1}$; donc $|\varepsilon|_v = 1$ aux places complexes v de K dont la conjugaison complexe est induite par σ^3 .

Par construction, les deux nombres ε^{σ^j} et $\varepsilon^{\sigma^{j+3}} = \varepsilon^{-\sigma^j}$ sont les racines de $X^2-A^{\sigma^j}X+1 = 0$, donc sont égaux, approximativement, aux nombres $\exp(\mp 2\zeta'(0,\sigma^j))$. Pour voir que l'on a

$$\varepsilon^{\sigma^j} \sim \exp(-2\zeta'(0,\sigma^j))$$

pour chaque j , comme voulu, il suffit donc de vérifier que le signe de $\varepsilon^{\sigma^{j+3}} - \varepsilon^{\sigma^j}$ est $+, +, -$, respectivement, pour $j = 0,1,2$. Ceci résulte de

$$B = \sqrt{\beta-3}(\varepsilon^{\sigma^3}-\varepsilon) \ ,$$

compte tenu de $B > 0$, $B^{\sigma} < 0$, $B^{\sigma^2} < 0$ et de $(-1)^j(\sqrt{\beta-3})^{\sigma^j} > 0$.

Reste à voir que $K(\sqrt{\varepsilon})$ est une extension abélienne de k . En fait, on a $K(\sqrt{\varepsilon}) = K(\sqrt{\beta-1})$, et $\mathrm{Gal}(K(\sqrt{\varepsilon})/k) \approx (\mathbb{Z}/6\mathbb{Z}) \times (\mathbb{Z}/2\mathbb{Z})$. Ceci résulte de

$$(\sqrt{\varepsilon} \pm \sqrt{\varepsilon}^{-1})^2 = \varepsilon + \varepsilon^{-1} \pm 2 = A \pm 2$$

et de

$$(B-1)(A-2) = C^2 ,$$

où $C \in F$ est donné par

$$C = -\frac{1}{7}([-1,2,1]\theta + [0,3,-1]\theta^{\sigma} + [1,2,0]\theta^{\sigma^2}) .$$

Notons pour terminer que l'on a les égalités <u>exactes</u> suivantes :

$$N_{K/K'}\varepsilon = \delta = \exp(-2(\zeta'(0,1)+\zeta'(0,\sigma^2)+\zeta'(0,\sigma^4))) .$$

En effet, la conjecture $St(K'/k,S)$ étant vraie (voir 5.4 plus loin) on voit que ces trois nombres sont des unités dans K' dont la valeur absolue est 1 en toute place sauf les 2 places réelles. A la place réelle donnée par l'inclusion $K' \subset \mathbb{R}$ ils sont presque égaux ; donc ils sont égaux.

EXERCICE. Soient k totalement réel, $k \neq \mathbb{Q}$, et K/k cyclique. Supposons que $St(K/k,S)$ soit vrai, avec $\varepsilon = \varepsilon(K/k,S)$. Montrer que si $K(\sqrt{\varepsilon}) \neq K$, alors $K(\sqrt{\varepsilon})/k$ n'est pas cyclique.

§5. GROUPES DE DÉCOMPOSITION D'ORDRE 2

Ce paragraphe est inspiré par les commentaires des lignes 24-34 de la page 199 de [St IV]. On reprend les notations des §§1-3, et on suppose de plus que S ne contient qu'une place v_o totalement décomposée dans K. Soient $v_1,\ldots v_m$ $(m \geqslant 1)$ d'autres places de S dont on suppose que leur groupe de décomposition est d'ordre 2, soit $G_i = \{1,\tau_i\}$. Notons H_1 le sous-groupe de G engendré par les τ_i, $1 \leqslant i \leqslant m$, et H_2 le sous-groupe de H_1 engendré par les $\tau_i\tau_j$, $1 \leqslant i,j \leqslant m$. On a $H_1 = H_2$, ou $[H_1 : H_2] = 2$.

5.1 LEMME. <u>Si</u> $H_1 = H_2$, <u>on a</u> $\theta'_{K/k}(0) = 0$. <u>En particulier, la conjecture</u> $St(K/k,S)$ <u>est vraie</u>.

DÉMONSTRATION. Comme $m \geqslant 1$, on a $H_1 \neq \{1\}$, donc $H_2 \neq \{1\}$, donc $m \geqslant 2$ et $L'(0,1) = 0$. D'autre part soit $\chi \in \hat{G} \setminus \{1\}$. Pour tout $i \in [1,m]$, on a $\chi(\tau_i) = \pm 1$. Si $\chi(\tau_i) = -1$ pour tout i, χ est non trivial sur H_1 et trivial sur H_2, une contradiction. Donc $\chi(\tau_i) = 1$ pour un i et la formule I.3.4 donne $L'(0,\chi) = 0$. Cette dernière égalité a donc lieu pour tout χ, ce qui équivaut à $\theta'(0) = 0$, d'où le lemme.

Notons maintenant K_2 le corps fixe de H_2.

5.2 THÉORÈME. _Avec les notations précédentes, si_ $H_1 \neq H_2$, _la conjecture_ $St(K/k,S)$ _est vraie si et seulement si la conjecture_ $St(K_2/k,S)$ _est vraie avec (dans les formules de 2.2) une unité_ ε_2 _appartenant à_ $(U^{ab}_{K_2/k})^{\text{Card } H_2}$.

5.3 REMARQUE. La considération du résultat précédent a sans doute conduit Stark à limiter l'énoncé de sa conjecture au cas où $H_2 = \{1\}$, c'est-à-dire où le groupe de décomposition G_i ne dépend pas de i, laissant le cas général comme "question", et non comme conjecture.

DÉMONSTRATION DU THÉORÈME. Le raisonnement du lemme 5.1 montre encore que $L'(0,\chi) = 0$ pour tout χ dans $\hat{G}$ dont la restriction à H_2 n'est pas triviale. On en déduit que $\zeta'(0,\sigma)$ ne dépend que de la classe de σ modulo H_2 :

$$\zeta'_{K/k}(0,\sigma) = \frac{1}{\text{Card } H_2} \zeta'_{K_2/k}(0,\sigma H_2) .$$

Soit w_o une place de K au-dessus de v_o. Si la conjecture $St(K/k,S)$ est vraie, il existe un ε dans $U^{ab}_{K/k} \cap U^{(v_o)}$ tel que

$$\zeta'_{K/k}(0,\sigma) = -\frac{1}{e} \log |\varepsilon^{\sigma}|_{w_o} \quad \text{pour tout } \sigma \text{ dans } G.$$

Mais alors $\frac{1}{e}\tilde{\varepsilon}$ est laissé fixe par les éléments de H_2, donc appartient à $\mathbb{Q}U_K^{H_2} = \mathbb{Q}U_{K_2}$. On en déduit, à l'aide du corollaire 1.3, que $\frac{1}{e}\tilde{\varepsilon} \in \frac{1}{e_2}\widetilde{U^{ab}_{K_2/k}}$ où $e_2 = \text{Card } \mu(K_2)$. Soit donc $\eta \in U^{ab}_{K_2/k}$ tel que $\frac{1}{e}\tilde{\varepsilon} = \frac{1}{e_2}\tilde{\eta}$. L'élément $\varepsilon_2 = \eta^{\text{Card } H_2}$ de $(U^{ab}_{K_2/k})^{\text{Card } H_2}$ vérifie bien $\varepsilon_2 \in U^{(v_o)}_{K_2}$ et

$$\log |\varepsilon_2^{\sigma}|_{w_o} = -e_2 \zeta'(0,\sigma H_2) \quad \text{pour tout } \sigma \text{ dans } G.$$

Réciproquement, si la conjecture est vraie pour K_2/k, avec une unité ε_2 qui s'écrit $\eta^{\mathrm{Card}\,H_2}$ on constate que $\varepsilon = \varepsilon_2^{e/e_2}$ satisfait aux conditions de 2.2, d'où le théorème.

5.4 THÉORÈME. Si $[K:k] = 2$, la conjecture $St(K/k,S)$ est vraie, et même, pour $\mathrm{Card}\,S \geqslant 3$, avec une unité $\varepsilon \in (U^{ab}_{K/k})^{2^{\mathrm{Card}S-3}}$.

DÉMONSTRATION. Le cas $\mathrm{Card}\,S = 2$ a déjà été traité en 3.10. Supposons donc $\mathrm{Card}\,S \geqslant 3$, ce qui implique $\zeta'_{k,S}(0) = 0$. Posons $G = \{1,\tau\}$ et $\hat{G} = \{1,\chi\}$. On a

$$\theta'(0) = L'(0,\chi)\ \frac{1-\tau}{2}$$

et on a calculé en II.2.1 :

$$L'(0,\chi) = -\frac{h_K}{h_k}\cdot\frac{2^{\mathrm{Card}S-1}}{[U^{1-\tau}:\langle\eta^2\rangle]}\cdot\log|\eta|_{w_0}$$

ce qui s'écrit aussi

$$L'(0,\chi) = -\frac{h_K}{h_k}\cdot\frac{[U^-:U^{1-\tau}]}{[U^-:\langle\eta\rangle]}\cdot 2^{\mathrm{Card}S-2}\cdot\log|\eta|_{w_0}$$

ou encore

$$L'(0,\chi) = -\frac{h_K}{h_k}\cdot\frac{\mathrm{Card}\,H^1(G,U)}{e^-}\cdot 2^{\mathrm{Card}S-2}\cdot\log|\eta|_{w_0}$$

où η est un générateur de la partie libre du groupe $U^- = \{x \in U \mid x^{1+\tau} = 1\}$ tel que $|\eta|_{w_0} < 1$, h_k et h_K sont les nombres de (S-) classes d'idéaux de k et K respectivement, et e^- le cardinal de la partie de torsion de U^-. Posons encore $e^+ = \frac{e}{e^-}$ et notons P_k, I_k, $Cl(k)$, P_K, I_K, $Cl(K)$ les groupes de (S-) idéaux principaux, idéaux, classes d'idéaux de k et K.

Considérant la cohomologie de la suite exacte

$$0 \longrightarrow U \longrightarrow K^* \longrightarrow P_K \longrightarrow 0$$

on obtient, grâce au théorème 90 de Hilbert une autre suite exacte

$$0 \longrightarrow U_k \longrightarrow k^* \longrightarrow P_K^G \longrightarrow H^1(G,U) \longrightarrow 0$$

ce qui identifie $H^1(G,U)$ à $\mathrm{Coker}(P_k \longrightarrow P_K^G)$. On a d'autre part les suites exactes

$$0 \longrightarrow P_k \longrightarrow I_k \longrightarrow Cl(k) \longrightarrow 0$$

$$0 \longrightarrow P_K \longrightarrow I_K \longrightarrow Cl(K) \longrightarrow 0$$

$$0 \longrightarrow P_K^G \longrightarrow I_k \longrightarrow Cl(K) ,$$

dont la dernière résulte du fait que $I_K^G = I_k$, puisque S contient les places ramifiées dans K. On en déduit que $\mathrm{Coker}(P_k \longrightarrow P_K^G)$ et $H^1(G,U)$ s'identifient à $\mathrm{Ker}(Cl(k) \longrightarrow Cl(K))$ et

$r = \frac{h_K}{h_k}.\mathrm{Card}\ H^1(G,U) = \mathrm{Card\ Coker}(Cl(k) \longrightarrow Cl(K))$ est un entier.

Posons maintenant

$$\varepsilon = \eta^{e^+.r.2^{\mathrm{Card}\,S-3}} \in U^{(v_o)} .$$

On a bien
$$\log |\varepsilon|_{w_o} = -\frac{e}{2} L'(0,\chi)$$

$$\log |\varepsilon^\tau|_{w_o} = \frac{e}{2} L'(0,\chi) .$$

Il reste à montrer que η^{e^+}, donc aussi $\eta^{e^+ r}$ appartient à $U_{K/k}^{ab}$. En reprenant la démonstration du $d \Longrightarrow a$ de la proposition 1.2, on voit qu'il suffit de prouver que $(\eta^{e^+})^{\tau-a}$ est la puissance e-ième d'un élément de K, où a est tel que $\zeta^\tau = \zeta^a$ pour tout ζ dans $\mu(K)$. La condition sur a implique $a \equiv -1 \bmod e^-$ et $(1+a)e^+ \equiv 0 \bmod e$ donc $(\eta^{e^+})^{\tau-a} = (\eta^{\tau-a})^{e^+} = (\eta^{-1-a})^{e^+}$ est une puissance e-ième dans K.

5.5 COROLLAIRE. <u>Avec les notations du début de ce paragraphe</u>, $St(K/k,S)$ <u>est vraie dès que</u> $G = H_1$.

DÉMONSTRATION. Grâce à 3.1, 3.3, 3.9, 3.10 et 5.1, on se ramène au cas où $\mathrm{Card}\ S \geqslant 3$, la seule place de S

totalement décomposée dans K est v_o, v_1 est une place réelle et $H_2 \neq H_1$. Dans ce cas le résultat découle des théorèmes 5.2 et 5.4 et du

5.6 LEMME. <u>Sous ces hypothèses</u>, Card H_2 <u>divise</u> $2^{\text{Card } S-3}$.

DÉMONSTRATION DU LEMME. Le groupe H_2 est d'indice 2 dans le groupe H_1, dont l'ordre divise 2^m. Si S contient d'autres places que les v_i, on a Card $S-3 \geqslant m-1$ et le lemme est démontré. Dans le cas contraire on a

$$1 = \prod_v (-1, K_v/k_v) = \prod_{i=1}^{m} (-1, K_{w_i}/k_{v_i}) = \tau_1 . \prod_{i=2}^{m} (-1, K_{w_i}/k_{v_i})$$

puisque v_1 est une place réelle ramifiée dans K, ce qui est une relation non triviale entre les τ_i et Card $H_1 | 2^{m-1}$, d'où le résultat.

§6. LA CONJECTURE DE BRUMER-STARK

Nous allons considérer le cas où la place de S qui est décomposée dans K est une place finie $\mathfrak{p}$. Notons alors $T = S - \{\mathfrak{p}\}$. C'est un ensemble fini de places de k dont on suppose seulement qu'il contient les places archimédiennes ainsi que les places ramifiées dans K. Le corollaire 1.7 s'écrit

$$\theta'_S(0) = \log N\mathfrak{p} . \theta_T(0) .$$

Soit $\mathfrak{P}$ une place de K divisant $\mathfrak{p}$. On a $N\mathfrak{P} = N\mathfrak{p}$ et la condition 2.2 sur l'unité ε s'écrit

$$\begin{cases} (\varepsilon) = \mathfrak{P}^{e.\theta_T(0)} \\ |\varepsilon|_w = 0 \text{ pour toute place } w \in T_K \text{ si Card } T \geqslant 2 \\ |\varepsilon|_{\sigma w} = |\varepsilon|_w \text{ pour } \sigma \text{ dans } G \text{ si } T = \{v\} \text{ et } w|v \\ K(\varepsilon^{1/e}) \text{ abélien sur } k \end{cases}$$

la première égalité est sensée avoir lieu dans $\mathbb{C}I_K$ et implique en particulier que l'on a $e.\theta_T(0) \in \mathbb{Z}[G]$. Ce point est effectivement connu, et on a le résultat plus fort suivant, dû à Deligne-Ribet et aussi à Daniel Barsky et Pierrette Cassou-Noguès (cf. [D-R], [CN]) :

6.1 THÉORÈME. <u>Soit</u> A <u>l'annulateur du</u> $\mathbb{Z}[G]$-<u>module</u> $\mu(K)$. <u>Alors</u>
$$A.\theta_T(0) \subset \mathbb{Z}[G] .$$

Soit donc T un ensemble fini de places de k vérifiant les hypothèses précédentes, notons

$K_T = \{x \in K^* : |x|_w = 1$ pour toute place $w \in T_K\}$ si Card $T \geqslant 2$

$K_T = \{x \in K^* : |x|_{\sigma w} = |x|_w$ pour tout σ dans $G\}$ si $T=\{v\}$ et $w|v$.

On pose alors la

6.2 CONJECTURE (Brumer-Stark). <u>Pour tout idéal</u> $\mathfrak{A}$ <u>de</u> K, <u>il existe un élément</u> α <u>de</u> K_T <u>tel que</u> $(\alpha) = \mathfrak{A}^{e\theta_T(0)}$ <u>et que</u> $K(\alpha^{1/e})/k$ <u>soit abélienne</u>.

L'idée selon laquelle l'opérateur $e\theta_T(0)$ annule le groupe des classes d'idéaux est due à A. Brumer et généralise la factorisation de Stickelberger des sommes de Gauss (voir [CoD], par exemple). L'idée que $K(\alpha^{1/e})$ est abélien sur k est due à Stark, comme nous l'avons vu, et généralise le fait que les dites sommes de Gauss appartiennent à des corps cyclotomiques ; d'où le nom de Brumer-Stark que nous donnons à cette conjecture.

Notons $I^*_{K/k,T}$ le sous-groupe de I_K formé des idéaux $\mathfrak{A}$ tels que $\mathfrak{A}^{e\theta_T(0)} = (\alpha)$, avec $\alpha \in K_T$ et $K(\alpha^{1/e})$ abélien sur k. La conjecture 6.2, que nous notons $BS(K/k,T)$, est donc que $I^*_{K/k,T} = I_K$. Il est clair que $I^*_{K/k,T}$ est stable par G, et, plus généralement, par tout automorphisme de K laissant stable k et T. La proposition suivante est une simple reformulation de l'introduction de ce paragraphe.

6.3 PROPOSITION. <u>Soient</u> $\mathfrak{p} \notin T$ <u>totalement décomposé dans</u> K, <u>et</u> $\mathfrak{P}$ <u>un diviseur premier de</u> $\mathfrak{p}$ <u>dans</u> K. <u>La conjec-</u>

ture St(K/k, $T \cup \{\mathfrak{p}\}$) équivaut à $\mathfrak{P} \in I^*_{K/k,T}$.

6.4 PROPOSITION. $I^*_{K/k}$ contient le groupe des idéaux principaux de K .

DÉMONSTRATION. Soit (γ) un idéal principal de K . Pour chaque σ dans G , choisissons un idéal $\mathfrak{p}$ de k tel que $\sigma_{\mathfrak{p}} = \sigma$ et posons

$$\varepsilon = \gamma^{e\theta_T(0)}$$

$$\alpha_\sigma = \gamma^{(\sigma_{\mathfrak{p}} - N\mathfrak{p})\theta_T(0)} ,$$

ces quantités sont bien définies grâce au théorème 6.1. Elles sont dans K_T grâce à la proposition 1.9, où T joue le rôle de S ; enfin ces quantités vérifient des conditions analogues à celle du d) de la proposition 1.2. On en déduit de la même manière que $K(\varepsilon^{1/e})$ est abélien sur k . On déduit donc des deux propositions précédentes :

6.5 PROPOSITION. Soit $\mathcal{P}$ un ensemble d'idéaux premiers de K non dans T_K , de degré 1 sur k , engendrant sur G le groupe des classes d'idéaux de K , alors la conjecture BS(K/k,T) équivaut à la conjonction des conjectures St(K/k, $T \cup \{\mathfrak{p}\}$) où $\mathfrak{p}$ parcourt les normes sur k d'éléments de $\mathcal{P}$. En particulier la conjecture BS(K/k,T) est vraie si et seulement si la conjecture St(K/k, $T \cup \{\mathfrak{p}\}$) est vraie pour tout $\mathfrak{p} \notin T$ tel que $G_{\mathfrak{p}} = \{1\}$.

6.6 COROLLAIRE. Avec des notations évidentes

si $T \subset T'$, BS(K/k,T) $\Longrightarrow$ BS(K/k,T')

si $K \supset K' \supset k$, BS(K/k,T) $\Longrightarrow$ BS(K'/k,T')

si Card $T = 1$, BS(K/k,T) est vraie

si $[K:k] = 2$, BS(K/k,T) est vraie

si G est engendré par les sous-groupes de décomposition d'ordre 2 de places de T , la conjecture BS(K/k,T) est vraie.

DÉMONSTRATION. Ceci résulte immédiatement de la proposition 6.5 et des résultats correspondants pour St(K/k,S), soit 3.4, 3.5, 3.9 deuxième partie (en effet si Card $T = 1$

k est quadratique imaginaire puisque si $k=\mathbb{Q}$, il y a des nombres premiers ramifiés dans K), 5.4 et 5.5 respectivement.

6.7 PROPOSITION. La conjecture $BS(K/k,T)$ est vraie si $k=\mathbb{Q}$.

DÉMONSTRATION. La proposition 3.9 première partie est une conséquence de celle-ci, et non l'inverse !

Grâce aux deux premières assertions du corollaire 6.6 et grâce au théorème de Kronecker-Weber, on peut se ramener au cas où $K = \mathbb{Q}(\zeta)$, $\zeta = \exp(2i\pi/m)$, où $m \geqslant 3$ est un entier impair ou divisible par 4 et $T = \{\infty, p|m\}$. Soit alors $\mathfrak{P}$ un idéal de K ne divisant pas m. Notons $\chi_{\mathfrak{P}}$ l'unique homomorphisme de $(\mathcal{O}_K/\mathfrak{P})^*$ dans $\mu(K)$ tel que $\chi_{\mathfrak{P}}(x) \equiv x^{(N\mathfrak{P}-1)/m} \pmod{\mathfrak{P}}$, pour tout $x \in \mathcal{O}_K$. Soit encore ψ un caractère additif non trivial de $\mathcal{O}_K/\mathfrak{P}$ dans μ_p. Définissons la somme de Gauss

$$G(\chi_{\mathfrak{P}},\psi) = \sum_{x \bmod \mathfrak{P}} \chi_{\mathfrak{P}}(x)\ \psi(x) \in \mathbb{Q}(\mu_{pm})$$

et posons $\beta(\mathfrak{P}) = \dfrac{G(\chi_{\mathfrak{P}},\psi)}{\sqrt{\pm N\mathfrak{P}}}$,

le signe étant choisi de telle sorte que $\beta(\mathfrak{P}) \in \mathbb{Q}(\mu_{4pm})$. Donc $\beta(\mathfrak{P})$ appartient à une extension abélienne de $\mathbb{Q}$ et

$$(\beta(\mathfrak{P})) = \mathfrak{P}^{\theta_T(0)}.$$

De plus $\beta(\mathfrak{P})^m \in K_T$ est une somme de Jacobi qui ne dépend pas du choix de ψ (voir [CoD] pour la démonstration de tous ces faits).

6.8 EXERCICE. Montrer que si K/k_o est une extension galoisienne non abélienne d'ordre 8 et k le corps fixe d'un sous-groupe G cyclique d'ordre 4 de $G_o = Gal(K/k_o)$, la conjecture $BS(K/k,T)$ est vraie pour T égal à l'ensemble des places de k archimédiennes ou ramifiées dans K. En déduire que si G_o est quaternionien la conjecture $St(K/k,S)$ est vraie pour tout choix de S vérifiant a-c.

(On commencera par montrer que $\theta_T(0)$ est un multiple rationnel de l'idempotent associé au caractère d'ordre 2 de G . Relier grâce à 1.8 $\theta_{K/k}(0)$ et $\theta_{K/K'}(0)$, où K' est le corps intermédiaire entre k et K . Utiliser l'expression trouvée en 5.4 pour calculer $\theta_{K/K',T}(0)$ et conclure, grâce au lemme II.2.2 légèrement modifié...).

6.9 [Ajouté en été 1983]. Généralisant les méthodes du §5, J.W. Sands [S1], [S2] a récemment démontré la conjecture de Brumer-Stark pour toute extension K/k de groupe de Galois du type $(2,2)$, ainsi que pour les extensions modérées de type $(2,\ldots,2)$. De plus, Sands a généralisé la proposition 6.7 au cas où K est toujours abélien sur $\mathbb{Q}$, mais k est un sous-corps totalement réel arbitraire de K , [S1], [S3]. On retrouve alors des Grössencharaktere du type somme de Jacobi de K , au sens de [WJS].

CHAPITRE V : LE CAS DES CORPS DE FONCTIONS

L'analogue de la conjecture principale de Stark (I §5) pour les corps globaux de caractéristique $p > 0$ est vrai mais peu intéressant. En effet, les fonctions L d'Artin dans ce cas sont des fonctions rationnelles en p^{-s} - cf. par ex. [Mil], V.2.21 et VI.13.3 -, donc on trouve pour $B_1(\chi) = \frac{c(\chi)}{(\log p)^{r(\chi)}}$ (les notations sont celles de I, §§ 3-5) l'identité : $B_1(\chi^\alpha) = (B_1(\chi))^\alpha$, pour tout $\alpha \in \mathrm{Aut}\,\mathbb{C}$. La même relation étant vraie pour $B_2(\chi) = \frac{R(f,\chi)}{(\log p)^{r(\chi)}}$, pour un homomorphisme $f : X \longrightarrow U$ quelconque, elle reste vraie pour le rapport $A(f,\chi) = \frac{R(f,\chi)}{c(\chi)} = \frac{B_2(\chi)}{B_1(\chi)}$.

Par contre, B. Mazur a remarqué que la conjecture de Brumer-Stark IV.6.2 se traduit en une conjecture non triviale pour les corps de fonctions sur un corps fini. Une démonstration partielle de cette conjecture a été exposée au Séminaire de Théorie des Nombres à Paris. A la suite de cet exposé, Deligne en trouvait une démonstration complète que nous allons maintenant présenter.

§1. L'ÉNONCÉ

Soit k un corps de fonctions d'une variable dont le corps des constantes est un corps fini $\mathbb{F}_q$ à q éléments. On se donne une extension abélienne finie K de k, de groupe de Galois G. Pour une place v de k, notons G_v le groupe de décomposition et $I_v \subset G_v$ le groupe d'inertie de n'importe quel prolongement de v à K, et posons

$F_v = (\text{card } I_v)^{-1} \sum_{\tau \in \sigma_v^{-1}} \tau \in \mathbb{Q}[G]$, la somme étant prise sur tous les éléments de G dont la classe modulo I_v est l'inverse de la substitution de Frobenius $\sigma_v \in G_v/I_v$ - cf. 0.3.4.

Soit T un ensemble fini de places de k. On pose

1.1 $$\Theta_T(u) = \prod_{v \notin T} (1 - F_v u^{\deg v})^{-1} \in 1 + u\mathbb{Q}[G][[u]] .$$

Comme $Nv = q^{\deg v}$, on voit que

$$\Theta_T(q^{-s}) = \prod_{v \notin T} (1 - F_v Nv^{-s})^{-1} \qquad (\mathrm{Re}(s) > 1)$$

est la fonction analogue à la fonction θ de IV.1.5. Pour $u \in \mathbb{C}$, le produit 1.1 converge si $|u| < q^{-1}$; mais on va montrer que $\Theta_T(u)$ est une fonction rationnelle en u à coefficients dans $\mathbb{Q}[G]$. La relation $u = q^{-s}$ fait correspondre la valeur en $u=1$ à celle en $s=0$. Par conséquent, $\Theta_T(1)$ sera ici l'"élément de Stickelberger" analogue à IV.6. En fait, pour $T \neq \emptyset$, on verra que $\Theta_T(u)$ n'a pas de pôle en $u=1$, de sorte que $\Theta_T(1)$ est bien défini.

Soit D_K le groupe des <u>diviseurs</u> de K, c'est-à-dire, le $\mathbb{Z}$-module libre engendré par l'ensemble des places de K. Le noyau de l'homomorphisme $K^* \longrightarrow D_K$, qui, à $\alpha \in K^*$, fait correspondre le diviseur principal $(\alpha) = \sum w(\alpha).w$, est le groupe $\mu(K)$ des racines de l'unité dans K. Soit $e = \text{card } \mu(K)$ l'ordre de ce groupe et notons $P^{ab}_{K/k} \subset D_K$ le sous-groupe de D_K formé des diviseurs de la forme (α), où $\alpha \in K^*$ est tel que l'extension $K(\alpha^{1/e})/k$ soit <u>abélienne</u>.

1.2 THÉORÈME. <u>Supposons que</u> T <u>est non-vide et contient les places de</u> k <u>ramifiées dans</u> K. <u>Alors</u> $e.\Theta_T(1) \in \mathbb{Z}[G]$ <u>et on a</u> :

$$e\Theta_T(1).D_K \subset \begin{cases} P^{ab}_{K/k}, \ \underline{\text{si}} \ \text{card } T \geq 2 ; \\ P^{ab}_{K/k} + \mathbb{Q}\cdot(v)_K, \ \underline{\text{si}} \ T = \{v\} . \end{cases}$$

Ici, pour une place v *de* k *, on a noté* $(v)_K$ *l'image du diviseur premier* v *par l'injection canonique* $D_k \longrightarrow D_K$.

Dans la démonstration de Deligne, on se sert, pour montrer qu'un diviseur appartient à $P^{ab}_{K/k}$, du critère suivant - qui est en fait une condition nécessaire et suffisante (cf. IV.1.2).

1.3 LEMME. *Soit* $b \in D_K$. *Supposons que, pour presque toute place* v *de* k *, il existe un élément* $\alpha_v \in K^*$ *tel qu'on ait* $(1-\sigma_v^{-1} Nv)b = (\alpha_v^e)$ *, et que* α_v *prenne la valeur* 1 $(\alpha_v \equiv 1(w))$ *en chaque place* w *de* K *au-dessus de* v . *Alors* b *appartient à* $P^{ab}_{K/k}$.

DÉMONSTRATION. Choisissons un ensemble fini S de places de k contenant les places ramifiées dans K ainsi que les places dont des prolongements à K divisent b , et tel que α_v soit défini pour toute place v n'appartenant pas à S . Ecrivons, en remplaçant α_v par $\alpha_v^{\sigma_v}$, l'hypothèse : $(\sigma_v - Nv)b = (\alpha_v^e)$, pour $v \notin S$.

Le nombre e étant contenu dans l'idéal de $\mathbb{Z}[G]$ engendré par les $\sigma_v - Nv$, pour $v \notin S$ (voir IV.1.1), on en déduit qu'il existe un $\alpha \in K^*$ tel que $b = (\alpha)$. On trouve alors les identités

1.4 $\quad \alpha^{(\sigma_v - Nv)} = \alpha_v^e$, pour tout $v \notin S$;

1.5 $\quad \alpha_{v'}^{(\sigma_v - Nv)} = \alpha_v^{(\sigma_{v'} - Nv')}$, pour tout $v, v' \notin S$.

En effet, on a clairement les égalités des diviseurs respectifs. D'autre part, les quatre fonctions prennent la valeur 1 au-dessus de v (celles de gauche par suite de la définition de σ_v , car α et $\alpha_{v'}$ sont des unités au-dessus de v ; celles de droite par hypothèse sur les α_v).

Soit alors L une extension galoisienne de k contenant un β tel que $\beta^e = \alpha$. Soient τ et τ' des automorphismes de L sur k et $v, v' \notin S$ telles que $\tau|_K = \sigma_v$ et $\tau'|_K = \sigma_{v'}$. 1.4 implique alors que $\beta^{(\tau - Nv)} = \alpha_v \zeta_\tau$ pour un $\zeta_\tau \in \mu(K)$, donc que $K(\beta)^\tau = K(\beta)$. Pour démontrer que $K(\beta)/k$ est une extension abélienne, il suffit alors de vérifier que

$$\beta^{(\tau-Nv)(\tau'-Nv')} = \beta^{(\tau'-Nv')(\tau-Nv)} .$$

Or, ceci découle de 1.5, compte tenu du fait que $\mu(K)$ est annulé par les $\tau-Nv$, $\tau'-Nv'$.

§2. LA SITUATION GÉOMÉTRIQUE

2.0 Soit, comme au §1, K/k une extension abélienne de corps de fonctions et $G = \mathrm{Gal}(K/k)$. Soit $X_1 \longrightarrow Y_1$ un morphisme fini entre courbes projectives lisses irréductibles sur $\mathbb{F}_q$ tel que l'extension correspondante des corps de fonctions soit K/k ; donc $Y_1 = X_1/G$. Notons $\mathbb{F}$ une clôture algébrique de $\mathbb{F}_q$ et $X \longrightarrow Y$ le morphisme obtenu de $X_1 \longrightarrow Y_1$ par extension de scalaires de $\mathbb{F}_q$ à $\mathbb{F}$. On a donc le diagramme cartésien de schémas :

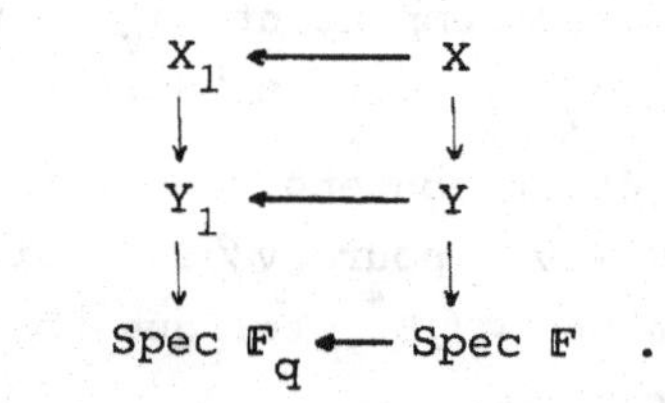

Y est connexe. Si la clôture algébrique de $\mathbb{F}_q$ dans K est $\mathbb{F}_{q^r}$, alors X a r composantes connexes correspondant aux plongements de $\mathbb{F}_{q^r}$ dans $\mathbb{F}$ sur $\mathbb{F}_q$.

Pour v un point fermé de Y_1 , on notera $(X_1)_v$, X_v , Y_v l'ensemble des points de X_1 , X , Y (respectivement) au-dessus de v . Soient $y \in Y_v$ et X_y l'ensemble des points de X au-dessus de y . Alors $X_y \longrightarrow (X_1)_v$ est surjectif. Le groupe G agit transitivement sur ces deux ensembles. Le stabilisateur dans G d'un élément $w \in (X_1)_v$ - resp. d'un $x \in X_y$ - est le groupe de décomposition G_v - resp. d'inertie I_v - de v . (Rappelons que G est commutatif). La substitution de Frobenius σ_v - cf. 0.3.4 - est un élément de G_v , bien déterminé à I_v près, dont la classe $\sigma_v I_v$ modulo I_v engendre G_v/I_v . On pose toujours $F_v = (\text{card } I_v)^{-1} \sum_{\tau \in \sigma_v^{-1} I_v} \tau = \sigma_v^{-1}.e_v$, où

$e_v = (\text{card } I_v)^{-1} \sum_{\tau \in I_v} \tau$ est l'idempotent dans $\mathbb{Q}[G]$ correspondant à I_v . D'autre part, soit $F : X \longrightarrow X$ l'extension de scalaires à $\mathbb{F}$ du morphisme de Frobenius géométrique de X_1 relatif à $\mathbb{F}_q$. L'action de F commute à celle de G ; elle permute transitivement les points de Y_v . Ecrivant $d_v = \text{card } Y_v$ le degré de v (relativement à $\mathbb{F}_q$, donc le corps résiduel en v est $\mathbb{F}_{q^{d_v}}$), on voit que F^{d_v} fixe y et opère donc sur X_y . <u>L'action de</u> F^{d_v} <u>sur</u> X_y <u>coïncide avec celle de</u> σ_v^{-1} .

2.1 LEMME. $\det_{\mathbb{Q}[G]}(1-F_* u; H_o(X_v,\mathbb{Q})) = 1 - F_v u^{d_v}$.

<u>Expliquons d'abord les notations</u> :

Pour un ensemble fini quelconque E , on note $H_o(E,\mathbb{Q})$ le $\mathbb{Q}$-espace vectoriel de base E , et l'on regarde $H_o(E,\mathbb{Q})$ comme un foncteur de E en posant $F_*(\sum_{x \in E} a_x.x) = \sum_{x \in E} a_x.F(x)$ pour toute application $F : E \longrightarrow E'$.

2.2 Soit $R = \prod_i L_i$ un anneau commutatif isomorphe à un produit fini de corps L_i . Pour chaque i , soit pr_i la projection de R sur L_i et $e_i \in R$ l'idempotent tel que $pr_i e_i = 1$, et $pr_j e_i = 0$ pour $j \neq i$. Etant donné un R-module V de type fini et un endomorphisme f de V , on note $tr_R(f;V)$ l'élément de R tel que, pour tout i , $pr_i tr_R(f,V) = tr_{L_i}(f_i,V_i)$, où $V_i = e_i V$ est le i-partie de V , un espace vectoriel sur L_i , et $f_i = f_{|V_i}$. De façon analogue, on définit $\det_R(f,V) \in R$, et $\det_R(u-f,V) \in R[u]$, u une indéterminée. L'espace V étant la somme directe des V_i , il est évident que le théorème de Cayley-Hamilton est vrai pour le polynôme caractéristique généralisé $P(u) = \det_R(u-f;V)$, c'est-à-dire, que l'on a $P(f) = 0$. Tout ceci s'applique au cas $R = L[G]$, L un corps de caractéristique 0 , et en particulier au cas $R = \mathbb{Q}[G]$ ou $\mathbb{Q}_\ell[G]$.

Remarquons en passant que l'on peut définir la trace, le déterminant et le polynôme caractéristique pour tout endomorphisme f d'un module V projectif de type fini sur un anneau commutatif R.

DÉMONSTRATION DE 2.1. Posant $d = d_v$, on a $H_o(X_v,\mathbb{Q}) = \bigoplus_{i=0}^{d-1} F_*^i H_o(X_y,\mathbb{Q})$. Si le caractère irréductible χ de G n'est pas trivial sur I_v, alors on trouve, d'une part, que $\chi(F_v) = 0$, $\chi(1-F_v u^d) = 1$, et d'autre part on a $H_o(X_y)_\chi = (0)$, donc $H_o(X_v)_\chi = 0$. Supposons donc que χ est trivial sur I_v. Alors on a $\chi(F_v) = \chi(\sigma_v^{-1})$, l'espace propre $H_o(X_y)_\chi$ est de dimension un et F^d y agit comme σ_v^{-1}. Donc, si x est un élément non nul de $H_o(X_y)_\chi$, la matrice de l'endomorphisme F_* de $H_o(X_v)_\chi$ relative à la base $x, F_*x, \ldots, F_*^{d-1}x$ s'écrit

$$\begin{pmatrix} 0 & 1 & & 0 \\ & \ddots & \ddots & \\ 0 & & \ddots & 1 \\ \chi(\sigma_v^{-1}) & & & 0 \end{pmatrix}$$

; d'où le lemme.

2.3 <u>Groupes d'homologie</u> ℓ-<u>adique de</u> X.

Soit $\ell \neq p = \mathrm{car}(k)$ un nombre premier. Voici <u>les définitions</u> des groupes d'homologie ℓ-adique que nous allons utiliser.

On pose, pour tout i dans $\mathbb{N}$, $H_i(X,\mathbb{Q}_\ell) = \mathbb{Q}_\ell \otimes_{\mathbb{Z}_\ell} H_i(X,\mathbb{Z}_\ell)$, avec

$H_i(X,\mathbb{Z}_\ell) = 0$ pour tout $i \geqslant 3$;

$H_o(X,\mathbb{Z}_\ell)$ est le $\mathbb{Z}_\ell$-module libre de base $\pi_o(X)$, l'ensemble des composantes connexes de X ;

$H_1(X,\mathbb{Z}_\ell) = T_\ell(\mathrm{Pic}_X^o) = \mathrm{Hom}(\mathbb{Q}_\ell/\mathbb{Z}_\ell, \mathrm{Pic}_X^o(\mathbb{F}))$ où Pic_X^o désigne la jacobienne de X ;

$$H_2(X,\mathbb{Z}_\ell) = T_\ell(\Gamma(X,\mathcal{O}_X^*)) = \mathrm{Hom}(\mathbb{Q}_\ell/\mathbb{Z}_\ell,(\mathbb{F}^*)^{\pi_o(X)}) .$$

Si X' est une autre courbe projective lisse sur $\mathbb{F}$ et $f : X \longrightarrow X'$ un morphisme, alors on obtient <u>les</u> $\mathbb{Q}_\ell$-<u>homomorphismes</u> $f_* : H_i(X,\mathbb{Q}_\ell) \longrightarrow H_i(X',\mathbb{Q}_\ell)$ de la façon suivante : Pour $i=0$, f_* est induit par l'action de $f : \pi_o(X) \longrightarrow \pi_o(X')$. Quant à H_1, notons d'abord que Pic_X^o se décompose en produit direct des $\mathrm{Pic}_{X_i}^o$, pour les composantes connexes X_i de X. Alors f_* sur H_1 est induit par l'application $\mathrm{Pic}_X^o(\mathbb{F}) \longrightarrow \mathrm{Pic}_{X'}^o(\mathbb{F})$ qui, à la classe d'un diviseur $\sum n_p.P$ de X, fait correspondre la classe dans $\mathrm{Pic}_{X'}^o$ de $\sum n_p.f(P)$. Notons que cette règle envoie le diviseur d'une fonction rationnelle φ de X_i sur celui de la norme de φ, prise par rapport à l'extension de corps de fonctions donnée par $f|_{X_i}$ si $f|_{X_i}$ n'est pas constant, et sur 0 si $f|_{X_i}$ est constant. - Enfin, pour H_2, f_* est induit par l'application qui envoie $\psi : \pi_o(X) \longrightarrow \mathbb{F}^*$ sur la fonction $f_*\psi : \pi_o(X') \longrightarrow \mathbb{F}^*$ dont la valeur en X'_j, composante connexe de X', est $\Pi\psi(X_i)^{[X_i:X'_j]}$, le produit étant pris sur les $X_i \in \pi_o(X)$ tels que $f(X_i) = X'_j$ et où $[X_i:X'_j]$ désigne le degré du morphisme $f|_{X_i} : X_i \longrightarrow X'_j$, ce degré étant par définition 0 si $f|_{X_i}$ est constant.

2.4 REMARQUE. Les groupes d'homologie sur $\mathbb{Q}_\ell$ que nous venons de définir sont fonctoriellement duaux aux groupes de cohomologie étale correspondants : $H_i(X,\mathbb{Q}_\ell) = H^i(X,\mathbb{Q}_\ell)^*$. - Cf. [Mil], V §2.

Rappelons maintenant la fonction introduite en 1.1 :

$$\Theta(u) = \prod_{v\in|Y_1|} (1-F_v\, u^{\deg v})^{-1} \in 1+u\mathbb{Q}[G][[u]] .$$

Le théorème suivant est essentiellement dû à Weil [WCA], p. 60 ss. Il a été généralisé dans le cadre de la cohomologie étale par Grothendieck. Voir [GrB], [Mil], V.2.6 et VI.13.3.

2.5 THÉORÈME. _On a_

$$\Theta(u) = \frac{\det_{\mathbb{Q}_\ell[G]}(1-F_* u; H_1(X,\mathbb{Q}_\ell))}{\det_{\mathbb{Q}_\ell[G]}(1-F_* u; H_o(X,\mathbb{Q}_\ell)).\det_{\mathbb{Q}_\ell[G]}(1-F_* u; H_2(X,\mathbb{Q}_\ell))} .$$

Nous ne démontrons pas ce théorème. Indiquons toutefois brièvement comment on le déduit d'un théorème de points fixes "de Lefschetz" - suivant ainsi l'idée fondamentale de Weil. On aura besoin du

2.6 LEMME. _Soient_ V _un_ $\mathbb{Q}[G]$_-module de type fini et_ f _un endomorphisme de_ V . _Alors_

$$\mathrm{tr}_{\mathbb{Q}[G]}(f;V) = \frac{1}{\mathrm{card}\ G} \sum_{\sigma\in G} \mathrm{tr}_{\mathbb{Q}}(\sigma^{-1}f).\sigma .$$

Ceci est un simple exercice à partir de 2.2 que nous laissons au lecteur. Compte-tenu du fait que G et les puissances de F agissent sur $H_o(X_v,\mathbb{Q})$ par permutation des éléments de X_v , il donne ici _la formule_

2.7 $$\mathrm{tr}_{\mathbb{Q}[G]}(F^n, H_o(X_v,\mathbb{Q})) = \frac{1}{\mathrm{card}\ G} \sum_{\sigma\in G} \Lambda(\sigma^{-1}F^n, X_v).\sigma ,$$

_où_ $\Lambda(\sigma^{-1}F^n,X_v)$ _désigne le nombre de points_ x _de_ X_v _fixés par_ $\sigma^{-1}F^n$.

Dans le calcul suivant, nous nous servirons des bijections réciproques

$$1+u\,\mathbb{Q}[G][[u]] \underset{\exp}{\overset{\log}{\rightleftarrows}} u\,\mathbb{Q}[G][[u]]$$

définies par les séries classiques bien connues. En effet, grâce à l'existence de exp , il suffit de montrer l'égalité des logarithmes des deux côtés de 2.5 :

$$\log \Theta(u) = -\sum_{v\in|Y_1|} \log \det_{\mathbb{Q}[G]}(1-F_* u; H_o(X_v,\mathbb{Q}))$$

(d'après 2.1)

$$= \sum_{v} \mathrm{tr}_{\mathbb{Q}[G]} \left(- \log(1-F_* u ; H_o(X_v,\mathbb{Q})\right)$$

(ici, évidemment, le log s'écrit) :

$$= \sum_{v} \mathrm{tr}_{\mathbb{Q}[G]} \sum_{n=1}^{\infty} \left(\frac{F_*^n u^n}{n} ; H_o(X_v,\mathbb{Q})\right)$$

(on voit donc que l'égalité "log det = tr log" est triviale, si dim V = 1 , et s'en déduit en général en rendant triangulaire la matrice de F_* par un choix convenable d'une base de $H_o(X_v,\mathbb{Q})$)

$$= \frac{1}{\mathrm{card}\ G} \sum_{v} \sum_{n} \sum_{\sigma\in G} \Lambda(\sigma^{-1}F^n, X_v).\sigma.\frac{u^n}{n}$$

(par 2.7)

$$= \frac{1}{\mathrm{card}\ G} \sum_{n} \sum_{\sigma} \Lambda(\sigma^{-1}F^n, X).\sigma.\frac{u^n}{n}$$

($X = \coprod_v X_v$ - bien entendu, les nombres $\Lambda(\sigma^{-1}F^n,X)$ des points fixes des $\sigma^{-1}F^n$ sur X sont finis, le corps de base de X_1 étant fini)

$$= \frac{1}{\mathrm{card}\ G} \sum_{n} \sum_{\sigma} \sum_{i=0}^{2} (-1)^i\ \mathrm{tr}_{\mathbb{Q}_\ell} (\sigma^{-1}F_*^n ; H_i(X,\mathbb{Q}_\ell)).\sigma.\frac{u^n}{n}$$

(voilà l'application de <u>la formule de traces de Lefschetz</u> que nous ne démontrerons pas ici - cf. [Mil], V.2.5 et VI.12.3 - maintenant, nous reviendrons sur nos pas :)

$$= \sum_{n} \sum_{i=0}^{2} (-1)^i\ \mathrm{tr}_{\mathbb{Q}_\ell[G]} (F_*^n ; H_i(X,\mathbb{Q}_\ell))\frac{u^n}{n}$$

(par 2.6)

$$= \sum_{i=0}^{2} (-1)^i\ \mathrm{tr}_{\mathbb{Q}_\ell[G]} \left(- \log(1-F_* u ; H_i(X,\mathbb{Q}_\ell)\right)$$

$$= \log \prod_{i=0}^{2} (\det(1-F_* u ; H_i(X,\mathbb{Q}_\ell))^{(-1)^{i+1}} \text{ , cqfd.}$$

2.8 Nous allons montrer maintenant comment <u>le passage de Θ à Θ_T , pour</u> $T \neq \emptyset$ (voir 1.1), enlève le terme correspondant à H_o du côté droit de 2.5 :

Soit $\operatorname{Div} X = \mathbb{Z}^{(X)} = \prod_i \mathbb{Z}^{(X_i)}$ le groupe des diviseurs sur X, et $\alpha : \operatorname{Div} X \longrightarrow H_0(X,\mathbb{Z})$ l'application "multi-degré" qui, à chaque $\mathfrak{A} \in \operatorname{Div} X$, fait correspondre l'élément $\alpha(\mathfrak{A}) \in H_0(X,\mathbb{Z})$ dont le i-ième coefficient est le degré de $\mathfrak{A}|_{X_i}$. On notera $\operatorname{Div}^0 X$ le noyau de α, i.e., le sous-groupe des diviseurs dont le degré sur chaque composante connexe X_i de X vaut 0.

Pour un ensemble fini T de points fermés de Y_1, nous écrivons X_T son image inverse dans X. Nous considérons $H_0(X_T,\mathbb{Z})$ comme sous-groupe de $\operatorname{Div} X$, formé des diviseurs à support dans X_T, et $\alpha_T : H_0(X_T,\mathbb{Z}) \longrightarrow H_0(X,\mathbb{Z})$ la restriction de α à ce sous-groupe.

<u>Supposons désormais que</u> T <u>est non-vide</u>. Alors X_T rencontre chaque composante connexe X_i de X, car $X_i \longrightarrow Y_1$ est surjectif, pour tout i. Par conséquent, on trouve la suite exacte

$$0 \longrightarrow \ker \alpha_T \longrightarrow H_0(X_T,\mathbb{Z}) \longrightarrow H_0(X,\mathbb{Z}) \longrightarrow 0 .$$

Grâce à 2.1, on en tire :

$$\prod_{v\in T}(1-F_v.u^{\deg v}) = \det_{\mathbb{Q}[G]}(1-F_*.u;(\ker \alpha_T)\otimes\mathbb{Q}).\det_{\mathbb{Q}[G]}(1-F_*u;H_0(X,\mathbb{Q})).$$

Compte tenu de 2.5, il vient :

$$2.9 \quad \begin{cases} \Theta_T(u) \underset{(\text{déf.})}{=} \prod_{v\in|Y_1|\setminus T}(1-F_v.u^{\deg v})^{-1} = \Theta(u)\prod_{v\in T}(1-F_v.u^{\deg v}) \\ = \dfrac{\det_{\mathbb{Q}_\ell[G]}(1-F_*u;(\ker \alpha_T)\otimes\mathbb{Q}_\ell).\det_{\mathbb{Q}_\ell[G]}(1-F_*u;H_1(X,\mathbb{Q}_\ell))}{\det_{\mathbb{Q}_\ell[G]}(1-F_*.u;H_2(X,\mathbb{Q}_\ell))}. \end{cases}$$

2.10 Par un procédé analogue, on peut encore enlever le dénominateur qui y reste en 2.9 :

Soit V un autre ensemble fini de points fermés de Y_1, <u>disjoint de</u> T. L'homomorphisme de restriction

$$\beta_V : (\mathbb{F}^*)^{\pi_0(X)} = \Gamma(X,\mathcal{O}_X^*) \longrightarrow \Gamma(X_V,\mathcal{O}_X^*) = (\mathbb{F}^*)^{X_V}$$

donne, après application de T_ℓ, un homomorphisme

$$T_\ell(\beta_V) \; : \; H_2(X,\mathbb{Z}_\ell) \longrightarrow T_\ell(\mathbb{F}^*)^{X_V} = T_\ell(\mathbb{F}^*)\otimes_{\mathbb{Z}} H_o(X_V,\mathbb{Z}) \; .$$

<u>Supposons que</u> V <u>est non-vide</u>. Alors X_V rencontre chaque composante connexe X_i de X, β_V est injectif, et on a la suite exacte de G-modules

$$2.11 \quad 0 \longrightarrow H_2(X,\mathbb{Z}_\ell) \xrightarrow{T_\ell(\beta_V)} T_\ell(\mathbb{F}^*)\otimes H_o(X_V,\mathbb{Z}) \longrightarrow T_\ell(\mathrm{Coker}\,\beta_V) \longrightarrow 0$$

L'action de F sur le module du milieu qui est compatible avec celle sur $H_2(X,\mathbb{Z}_\ell)$ est donnée par $q\otimes F_*$. On déduit donc de 2.1 la formule :

$$2.12 \quad \det_{\mathbb{Q}_\ell[G]}(1-F_*.u;\mathbb{Q}_\ell\otimes_{\mathbb{Z}_\ell} T_\ell(\mathbb{F}^*)\otimes H_o(X_V,\mathbb{Z})) = \prod_{v\in V}(1-F_v.(qu)^{\deg v})$$

Posons maintenant la

2.13 DÉFINITION.
$$\Theta_T^V(u) = \Theta_T(u)\prod_{v\in V}(1-F_v.(qu)^{\deg v})$$
$$= \Theta(u)\prod_{v\in T}(1-F_v.u^{\deg v})\prod_{v\in V}(1-F_v(qu)^{\deg v})$$
$$\in 1+u.\mathbb{Q}[G][[u]] \; .$$

En tenant compte de 2.9, 2.11 et 2.12, on peut écrire cette fonction modifiée de la manière suivante :

$$2.14 \quad \Theta_T^V(u) = \det_{\mathbb{Q}_\ell[G]}(1-F_*.u;\mathbb{Q}_\ell\otimes(\mathrm{Ker}\,\alpha_T)).\det_{\mathbb{Q}_\ell[G]}(1-F_*u;H_1(X,\mathbb{Q}_\ell))$$
$$.\det_{\mathbb{Q}_\ell[G]}(1-F_*u;T_\ell(\mathrm{Coker}\,\beta_V)\otimes_{\mathbb{Z}_\ell}\mathbb{Q}_\ell) \; .$$

Donc Θ_T^V est un <u>polynôme</u> à coefficients dans $\mathbb{Q}_\ell[G]$ si T et V sont <u>non-vides</u>. D'autre part, si T contient les points $v\in Y_1$ qui sont ramifiés dans X_1, alors on a $F_v = \sigma_v^{-1}$, pour $v \notin T$, donc 1.1 et 2.13 montrent que Θ_T^V est une série entière à coefficients dans $\mathbb{Z}[G]$. On a donc démontré la proposition suivante qui, elle, représente déjà une partie de l'énoncé du théorème 1.2.

2.15 PROPOSITION. <u>Si</u> T <u>et</u> V <u>sont des ensembles finis disjoints non vides de points fermés de</u> Y_1, <u>tels que</u> T <u>contienne tous les points ramifiés dans</u> X_1, <u>alors on a</u>

$\Theta_T^V(u) \in \mathbb{Z}[G][u]$.

Le paragraphe suivant sera consacré à l'étude de la formule 2.14, d'un point de vue légèrement plus conceptuel.

§3. 1-MOTIFS

Soit Ω un corps algébriquement clos.

3.1 DÉFINITION ([DeH], 10.1.2). Un 1-motif sur Ω consiste en :

- un $\mathbb{Z}$-module libre de type fini L, une variété abélienne A et un tore B, définis sur Ω ;
- une extension E de A par B sur Ω ;
- un homomorphisme $d : L \longrightarrow E(\Omega)$.

Il est convenable de considérer un 1-motif comme complexe de longueur un de schémas en groupe :

$$d : L \longrightarrow E .$$

3.2 T_ℓ d'un 1-motif (cf. [DeH], 10.1.5).

Soit $M = (L \xrightarrow{d} E)$ un 1-motif sur Ω. Pour tout entier $n \geqslant 1$, définissons un $\mathbb{Z}/n\mathbb{Z}$-module par

$$M_n = (L \xrightarrow{d} E)_n = \{(\ell,e) \in L \times E(\Omega) \mid ne = d\ell\}/\{(n\ell,d\ell) \mid \ell \in L\} .$$

On a la suite exacte

$$0 \longrightarrow E_n(\Omega) \longrightarrow M_n \longrightarrow L/nL \longrightarrow 0$$
$$e \longmapsto (0,e)$$
$$(\ell,e) \longmapsto \ell .$$

Pour tout multiple $n' = a.n$ de n on définit une application

$$M_{n'} \longrightarrow M_n$$
$$(\ell,e) \longmapsto (\ell,ae) .$$

Par passage à la limite projective, ces applications permettent de définir, pour tout nombre premier ℓ distinct de la caractéristique de Ω, un $\mathbb{Z}_\ell$-module libre :

$$T_\ell(M) = \varprojlim M_{\ell^n} .$$

On voit bien ce qu'est un morphisme de 1-motifs (d'autant plus qu'il n'y a pas d'"homotopie" possible : $\mathrm{Hom}(E,L) = 0$). Pour deux 1-motifs M_1 et M_2, $\mathrm{Hom}(M_1,M_2)$ est un groupe abélien libre. Le groupe $T_\ell(M)$ est alors un foncteur de M. On a la suite exacte fonctorielle

$$0 \longrightarrow T_\ell E \longrightarrow T_\ell M \longrightarrow L\otimes_{\mathbb{Z}} \mathbb{Z}_\ell \longrightarrow 0 .$$

3.3 Voici le 1-motif sur $\Omega = \mathbb{F}$ auquel nous aurons affaire par la suite (cf. [DeH], 10.3). Pour L on prendra le groupe abélien libre $L_T = \ker \alpha_T$ considéré en 2.8 (on suppose toujours que T est non vide). Ensuite, l'extension E sera la jacobienne généralisée $\mathrm{Pic}^{\circ}_{X,V}$, attachée à l'ensemble $V \neq \emptyset$ considéré en 2.10, groupe algébrique dont les points à coordonnées dans $\mathbb{F}$ sont les classes de diviseurs de multidegré 0 sur X, à support hors de X_V, pris modulo les diviseurs des fonctions rationnelles sur X prenant la valeur 1 en chaque point de X_V. Etant donné un diviseur dans le noyau de α_T (donc à support dans X_T), l'application d lui associe sa classe dans $\mathrm{Pic}^{\circ}_{X,V}(\mathbb{F})$ - rappelons que $X_T \cap X_V = \emptyset$.

Ecrivons que $\mathrm{Pic}^{\circ}_{X,V}$ est bien l'extension d'une variété abélienne par un tore (pour les notations, voir 2.3 et 2.10) :

$$0 \longrightarrow \mathrm{Coker}\, \beta_V \longrightarrow \mathrm{Pic}^{\circ}_{X,V} \longrightarrow \mathrm{Pic}^{\circ}_X \longrightarrow 0 .$$

NOTATION : <u>On appellera</u> Pic^T_V <u>le</u> 1-<u>motif</u> $L_T \xrightarrow{d} \mathrm{Pic}^{\circ}_{X,V}$.

3.4 Pour notre motif Pic^T_V, la suite exacte à la fin de 3.2 s'écrit :

$$0 \longrightarrow T_\ell\, \mathrm{Pic}^{\circ}_{X,V} \longrightarrow T_\ell\, \mathrm{Pic}^T_V \longrightarrow (\ker \alpha_T)\otimes \mathbb{Z}_\ell \longrightarrow 0 .$$

D'autre part, on a la suite exacte (cf. 2.3 et 3.3) :

$$0 \longrightarrow T_\ell(\mathrm{coker}\ \beta_V) \longrightarrow T_\ell\ \mathrm{Pic}^o_{X,V} \longrightarrow H_1(X,\mathbb{Z}_\ell) \longrightarrow 0 .$$

On voit donc, que 2.14 peut s'écrire

$$\Theta^V_T(u) = \det_{\mathbb{Q}_\ell[G]}(1-F_*.u,\mathbb{Q}_\ell \otimes_{\mathbb{Z}_\ell} T_\ell(\mathrm{Pic}^T_V)) \overset{\text{déf}}{=} \det_{\mathbb{Q}[G]}(1-F.u,\mathrm{Pic}^T_V)$$

3.5 Soit G un groupe abélien agissant sur le 1-motif M, et soit F un endomorphisme de M qui commute avec l'action de G. On pose :

$$\det_{\mathbb{Q}[G]}(1-Fu;M) = \det_{\mathbb{Q}_\ell[G]}(1-F_*u;\mathbb{Q}_\ell \otimes_{\mathbb{Z}_\ell} T_\ell M)$$

$$\det_{\mathbb{Q}[G]}(u-F;M) = \det_{\mathbb{Q}_\ell[G]}(u-F_*;\mathbb{Q}_\ell \otimes_{\mathbb{Z}_\ell} T_\ell M) .$$

Ici, ℓ est n'importe quel nombre premier différent de la caractéristique de Ω. On peut montrer que ces déterminants sont des éléments de $\mathbb{Q}[G][u]$ bien défini indépendamment de ℓ. (Pour la définition de $\det_{\mathbb{Q}_\ell[G]}$, voir 2.2).

3.6 PROPOSITION. _Si_ $P(u) \in \mathbb{Z}[G][u]$ _est divisible par_ $\det_{\mathbb{Q}[G]}(u-F;M)$ _dans_ $\mathbb{Q}_\ell[G][u]$, _alors_ $P(F)$ _tue_ M, i.e., L _et_ E.

On note que, P ayant ses coefficients dans $\mathbb{Z}[G]$, $P(F)$ est bien un élément de End M. La proposition résulte de 3.5, compte tenu de la suite exacte à la fin de 3.2, du théorème de Cayley-Hamilton (cf. 2.2), et du fait que $P(F)$ annule E une fois qu'il tue $T_\ell E$.

3.7 COROLLAIRE. _Soit_ $P(u) = u^N\,\Theta^T_V(u^{-1})$ _pour_ N _grand_. $P(F)$ _tue_ Pic^T_V i.e. _tue_ $\mathrm{Pic}^o_{X,V}$ _et_ $\ker \alpha_T$.

En effet $P(u)$ a ses coefficients dans $\mathbb{Z}[G]$ d'après 2.14 et on a

$P(u) = u^{N-\deg P} \det(u-F;\mathrm{Pic}^T_V)$, où $u^{N-\deg P}$ a la signification évidente, $\deg P$ étant une fonction sur Spec $\mathbb{Q}[G]$ à valeurs dans $\mathbb{Z}$.

§4. FIN DE LA DÉMONSTRATION DE 1.2

Soit $P(u)$ comme dans le corollaire 3.7.

4.1 <u>Le cas</u> card $T \geq 2$.

Dans ce cas, nous nous proposons de montrer que $P(F)$ annule en fait $\mathrm{Pic}_{X,V}$ tout entier !

Etant donné un diviseur $\mathfrak{A} \in \mathrm{Div}\, X$, on peut l'écrire de deux façons différentes comme somme :

$$\mathfrak{A} = \mathfrak{A}_o + \mathfrak{A}_T = \mathfrak{A}'_o + \mathfrak{A}'_T ,$$

où $\mathfrak{A}_o , \mathfrak{A}'_o$ sont des diviseurs de multidegré 0 et $\mathfrak{A}_T , \mathfrak{A}'_T$ sont à support dans X_T , tels que les projections de leurs supports sur Y_1 soient des sous-ensembles disjoints de T.

Alors $P(F)$ transforme $\mathfrak{A}_o$ et $\mathfrak{A}'_o$ en des diviseurs principaux (f), avec $f(x) = 1$ pour tout $x \in X_V$, car $P(F)$ annule $\mathrm{Pic}^o_{X,V}$. D'autre part, $\mathfrak{A}_T - \mathfrak{A}'_T$ est transformé en $0 \in \mathbb{Z}^{X_T}$, car $P(F)$ annule $\ker \alpha_T$. Comme les supports de $\mathfrak{A}_T$ et $\mathfrak{A}'_T$ restent disjoints après l'opération de $P(F)$ on voit que $P(F)$ annule $\mathfrak{A}_T$ et $\mathfrak{A}'_T$.

<u>On a donc montré que</u>, <u>sous les hypothèses de</u> 2.15, $P(F)$ <u>tue</u> $\mathrm{Pic}_{X,V}$, <u>pourvu que</u> card $T \geq 2$.

En appliquant ceci à un diviseur $\mathfrak{A}$ <u>sur</u> X_1 , on peut remplacer F par 1 . Or, $P(1) = \Theta_T^V(1)$. En faisant $V = \{v\}$, où v est un point fermé de Y_1 n'appartenant pas à T , on trouve $\Theta_T^V(1) = (1-\sigma_v^{-1}.Nv).\Theta_T(1)$.

En tenant compte de IV.1.1, ceci montre d'abord que $e\Theta_T(1)$ appartient à $\mathbb{Z}[G]$. Ensuite, on voit maintenant que nous venons de démontrer les hypothèses du lemme 1.3 pour tout diviseur b de la forme $e\Theta_T(1).\mathfrak{A}$, où $\mathfrak{A}$ décrit les diviseurs sur X_1 . Ce lemme permet alors de conclure dans le cas présent.

4.2 Le cas $T = \{v\}$.

Commençons, comme avant, par écrire

$$\mathfrak{A} = \mathfrak{A}_o + \mathfrak{A}_T ,$$

avec $\mathfrak{A}_o$ de multidegré 0 et $\mathfrak{A}_T$ à support au-dessus de v. Or, si $\mathfrak{A}$ est un diviseur sur X_1, le multidegré $\alpha_T(\mathfrak{A}_T)$ est invariant sous l'action de G et de F sur $\mathfrak{A}_T$. Comme $P(F)$ annule $\ker \alpha_T$, on en déduit que $P(F)\mathfrak{A}_T = P(F)\sigma\mathfrak{A}_T$, pour tout $\sigma \in G$, et de même pour F.

D'autre part, $\mathbb{Z}[G][F]$ agit transitivement sur la fibre X_v. On en déduit bien que $P(F).\mathfrak{A}_T \in \mathbb{Q}(v)_{X_1}$. Le reste de l'argument est le même qu'en 4.1.

Ceci achève la démonstration du théorème.

CHAPITRE VI : ANALOGUES p-ADIQUES DES CONJECTURES DE STARK

Il existe des analogues p-adiques des fonctions L d'Artin. Il est donc naturel de chercher à formuler pour ces nouvelles fonctions L des analogues des conjectures de Stark. Toutefois, ces fonctions n'ayant pas d'équation fonctionnelle, un énoncé au point $s=0$ ne se traduit plus en un énoncé au point $s=1$. De ce fait, deux conjectures distinctes ont été formulées, l'une pour $s=0$ par B.H. Gross, et l'autre pour $s=1$ par J.-P. Serre.

§1. VALEURS ABSOLUES A VALEURS p-ADIQUES

Dans ce paragraphe, k sera un corps de nombres, v une place de k, et p une place de $\mathbb{Q}$ (éventuellement, $p=\infty$ et $\mathbb{Q}_p=\mathbb{R}$). Soit x un élément de k^*. Si v est une place finie, $|x|_v = (Nv)^{-v(x)}$ est un nombre rationnel (cf. 0.0.2). Pour v à l'infini, posons :

$$(Nv)^{v(x)} = \begin{cases} 1 \text{ , si v est complexe} \\ \text{signe}(x^\sigma) \text{, si v est réelle, induite par } \sigma : k \hookrightarrow \mathbb{R}. \end{cases}$$

Remarquons qu'avec ces notations, on a

$$N_{k/\mathbb{Q}}(x) = \prod_v (Nv)^{v(x)}$$

où le produit est pris sur toutes les places de k .

1.1 DÉFINITION. <u>On appelle valeur absolue en</u> v <u>à valeurs dans</u> $\mathbb{Q}_p$ <u>de</u> x , <u>et on note</u> $|x|_{v,p}$ <u>l'élément de</u> $\mathbb{Q}_p^*$ <u>défini par</u>

$$|x|_{v,p} = \begin{cases} (N_{k_v/\mathbb{Q}_p} x)(Nv)^{-v(x)} & \text{si } v|p \\ (Nv)^{-v(x)} & \text{si } v\nmid p . \end{cases}$$

On voit que, pour $p=\infty$, on trouve $|x|_{v,\infty} = |x|_v$ dans $\mathbb{R}$, et que pour $p\neq\infty$, $|x|_{v,p} \in \mathbb{Z}_p^*$ pour tout x dans k^* .

1.2 EXERCICE. Démontrer la formule du produit dans $\mathbb{Q}_p$:

$$\prod_v |x|_{v,p} = 1 \text{ , pour tout } x \text{ dans } k^* ,$$

le produit étant pris sur toutes les places de k .

1.3 REMARQUE. Dans le cas où $p\neq\infty$ est un nombre premier, la valeur absolue $|\ |_{v,p}$ que nous venons de définir coïncide avec la composée des applications

$$k^* \xrightarrow{i} k_v^* \xrightarrow{\text{Réc}} \mathrm{Gal}(k_v^{ab}/k_v) \xrightarrow{\chi} \mathbb{Z}_p^*$$

où i est l'injection canonique, Réc est l'homomorphisme de réciprocité, et χ est l'inverse du caractère cyclotomique donnant l'action des éléments de $\mathrm{Gal}(k_v^{ab}/k_v)$ sur les racines de l'unité d'ordre une puissance de p .

1.4 Un entier d'un corps de nombres k dont toutes les valeurs absolues archimédiennes ordinaires valent 1 , est une racine de l'unité dans k . Cet énoncé ne reste plus vrai si l'on passe aux valeurs absolues $|\ |_{v,p}$, comme le montre l'exemple suivant. Toutefois, le lemme 1.5 donnera un énoncé analogue.

EXEMPLE. Soient $p\neq\infty$ et ε une unité totalement positive du corps $k=\mathbb{Q}(\sqrt{p})$. Alors $|\varepsilon|_{v,p}=1$ pour toute place v de k .

Pour toute partie A de k^* , nous noterons $A^- = \{a\in A : |a|_{v,\infty} = 1$ pour toute place archimédienne v de $k\}$. C'est l'ensemble des éléments de A dont tous les conjugués (dans $\mathbb{C}$) sont de module 1. On a alors le

1.5 LEMME. <u>Soit</u> x <u>un élément de</u> $(k^*)^-$ <u>tel que</u> $|x|_{v,p}$ <u>soit une racine de l'unité dans</u> $\mathbb{Q}_p$ <u>pour toute place</u> v <u>de</u> k . <u>Alors</u> x <u>est une racine de l'unité dans</u> k .

DÉMONSTRATION. Le cas $p=\infty$ étant bien connu, supposons que p est un nombre premier. Si $v\nmid p$ est une place finie de k , $(Nv)^{-v(x)}$ est une racine de l'unité rationnelle positive ; c'est donc 1 et $v(x)=0$. Si v est une place de k divisant p , $(Nv)^{v(x)}$ est le produit d'une racine de l'unité par $N_{k_v/\mathbb{Q}_p} x$; c'est donc un nombre algébrique dont tous les conjugués sont de module 1 , et c'est une puissance de p ; de nouveau on trouve $v(x)=0$, et x est une unité de k dont tous les conjugués dans $\mathbb{C}$ sont de module 1 , donc une racine de l'unité.

Dans toute la suite, S sera un ensemble fini de places de k , contenant les places archimédiennes et les places divisant p , où p est un nombre premier fixé. Les autres notations sont celles du chapitre I. Rappelons que l'on avait défini un G-homomorphisme (I.4.2)

$$\lambda : U \longrightarrow \mathbb{R}X$$
$$x \longmapsto \sum_{v\in S} \log |x|_{v,\infty}.v \quad .$$

De même, posons

$$\lambda_p : U \longrightarrow \mathbb{Q}_pX$$
$$x \longmapsto \sum_{v\in S} \log_p|x|_{v,p}.v \quad .$$

Alors λ_p induit des G-homomorphismes $\mathbb{Q}_pU \longrightarrow \mathbb{Q}_pX$, et $\mathbb{C}_pU \longrightarrow \mathbb{C}_pX$, où $\mathbb{C}_p$ est le complété d'une clôture algébrique de $\mathbb{Q}_p$; nous les notons encore λ_p , mais on ne sait pas s'ils sont injectifs. Toutefois on a la

1.6 PROPOSITION (Gross). <u>Soit</u> $\bar{\mathbb{Q}}$ <u>la clôture algébrique de</u> $\mathbb{Q}$ <u>dans</u> $\mathbb{C}_p$. <u>La restriction</u> $\lambda_p : \bar{\mathbb{Q}}U^- \longrightarrow \mathbb{C}_pX$ <u>est injective</u>.

DÉMONSTRATION (cf. [Gro]). Tout élément x de $\bar{\mathbb{Q}}U^-$ s'écrit comme somme finie $\sum_i c_i \otimes x_i$, où les c_i sont des éléments de $\bar{\mathbb{Q}}$ indépendants sur $\mathbb{Q}$. L'analogue p-adique du théorème de Baker (cf. [Bru]) dit que les deux espaces vectoriels $\bar{\mathbb{Q}}$ et $\log_p\bar{\mathbb{Q}}^*$ sont linéairement disjoints sur $\mathbb{Q}$. Or, de $\lambda_p x=0$, on tire que $\sum_i c_i \log_p|x_i|_{v,p}=0$ pour tout v dans S .

Les $\log_p |x_i|_{v,p}$ étant des logarithmes de nombres algébriques, ils sont tous nuls et $|x_i|_{v,p}$ est une racine de l'unité pour tout i et tout v dans S. C'est encore le cas pour $v \notin S$ puisque les x_i sont dans U. Le lemme 1.5 permet alors de conclure que x_i est une racine de l'unité dans k pour tout i et $x = \sum c_i \otimes x_i$ est nul dans $\bar{\mathbb{Q}}U$.

§2. FONCTIONS L p-ADIQUES

Soient $\bar{k}$ une clôture algébrique du corps de nombres k et σ un élément de $\mathrm{Gal}(\bar{k}/k)$. Il existe un unique élément de $\mathbb{Z}_p^*$, que nous notons a_σ tel que pour toute racine de l'unité ζ dans $\bar{k}^*$, d'ordre une puissance de p, on ait $\sigma(\zeta) = \zeta^{a_\sigma}$. D'autre part, $\mathbb{Z}_p^*$ se décompose canoniquement :

2.1
$$\mathbb{Z}_p^* \simeq \mu(\mathbb{Q}_p) \times 1 + 2p\mathbb{Z}_p$$
$$x \longmapsto \tilde{x} \,.\, \langle x \rangle \;.$$

On note ω le "caractère de Teichmüller" :
$\omega : \mathrm{Gal}(\bar{k}/k) \longrightarrow \mu(\mathbb{Q}_p)$ défini par $\omega(\sigma) = \tilde{a}_\sigma$. Si τ est une "conjugaison" de $\bar{k}/k$, c'est-à-dire si $\{1,\tau\}$ est le groupe de décomposition d'une place de $\bar{k}$ dont la restriction à k est réelle, on a $\omega(\tau) = -1$. On dit que ω est "totalement impair". Plus généralement, si χ est un caractère - non nécessairement abélien - de $G = \mathrm{Gal}(\bar{k}/k)$ nous dirons que χ est <u>totalement pair</u> (resp. <u>impair</u>) si, pour toute conjugaison complexe $\tau \in G$ on a $\chi(\tau) = \chi(1)$ (resp. $\chi(\tau) = -\chi(1)$), c'est-à-dire si τ agit comme l'identité (resp. comme -1) sur une représentation de caractère χ.

Soit maintenant χ un caractère de $G = \mathrm{Gal}(K/k)$ dans $\mathbb{C}_p$, où K est une extension galoisienne finie de k. On peut considérer χ comme un caractère de $\mathrm{Gal}(\bar{k}/k)$, et pour tout entier n, $\chi\omega^n$ est encore un caractère de $\mathrm{Gal}(\bar{k}/k)$ qui se factorise par une extension finie de k ;

on peut donc considérer, pour tout isomorphisme $\alpha : \mathbb{C}_p \xrightarrow{\sim} \mathbb{C}$, la fonction L d'Artin associée au caractère complexe $(\chi\omega^n)^\alpha$. Rappelons que S est un ensemble fini de places de k contenant les places archimédiennes et celles qui divisent p. Avec ces notations on a le

2.2 THÉORÈME. <u>Il existe une unique fonction méromorphe</u>

$$L_{p,S}(\cdot,\chi) : \mathbb{Z}_p \longrightarrow \mathbb{C}_p$$
$$s \longmapsto L_{p,S}(s,\chi)$$

<u>telle que pour tout entier</u> $n < 0$ <u>et tout isomorphisme</u> $\alpha : \mathbb{C}_p \xrightarrow{\sim} \mathbb{C}$, <u>on ait</u>

$$L_{p,S}(n,\chi)^\alpha = L_S(n,(\chi\omega^{n-1})^\alpha)$$

Pour la démonstration de ce théorème, voir [D-R] et aussi [CN].

2.3 REMARQUES. - On s'intéresse à la situation au point $s=0$. L'identité ci-dessus est encore valable pour $n=0$, si χ est de degré 1, donc aussi si χ est monômial.

- Le fait que $L_S(n,(\bar{\chi}\omega^n)^\alpha) \neq 0,\infty$ pour un entier $n > 1$, et l'équation fonctionnelle décrite en O, §6 montrent que la fonction $L_{p,S}$ est identiquement nulle, sauf si k est totalement réel et χ totalement pair. Le caractère $(\chi\omega)^\alpha$ est alors totalement impair et la conjecture principale de Stark a été démontrée dans ce cas au chapitre III §1.

§3. ÉTUDE EN $s=0$

Le contenu de ce paragraphe et du suivant est dû à B.H. Gross ; voir [Gro].

Définissons, comme en I.3.1, $c_p(\chi)$ et $r_p(\chi)$ par

$$L_p(s,\chi) = c_p(\chi).s^{r_p(\chi)} + O(s^{r_p(\chi)+1})$$

au voisinage de $s=0$. Soit $f : X \longrightarrow \mathbb{C}_p U$ un G-homomorphisme. Pour tout isomorphisme $\alpha : \mathbb{C}_p \xrightarrow{\sim} \mathbb{C}$, on posera $f^{\alpha} = (\alpha \otimes 1) \circ f : X \longrightarrow \mathbb{C}U$. Rappelons que k est un corps de nombres totalement réel. Supposons maintenant que χ est un caractère totalement impair de $\mathrm{Gal}(\bar{k}/k)$ dans $\mathbb{C}_p$ dont le noyau est d'indice fini. C'est alors la fonction L p-adique attachée à $\chi\omega$ qui est non triviale et que nous allons étudier. Soient V une réalisation de χ , G un quotient fini de $\mathrm{Gal}(\bar{k}/k)$ par lequel se factorisent χ et ω , et K le corps correspondant ; on a donc $G = \mathrm{Gal}(K/k)$. Le $\mathbb{C}_p$-espace vectoriel $V \otimes \mathbb{C}_p X$ est une représentation de G et $1 \otimes (\lambda_p \circ f)$ en est un G-endomorphisme, qui agit donc sur $(V \otimes \mathbb{C}_p X)^G$. Posons

$$A_p(f,\chi) = \frac{\det(1 \otimes (\lambda_p \circ f), (V \otimes \mathbb{C}_p X)^G)}{c_p(\chi\omega)} .$$

3.1 CONJECTURE (Gross). Pour tout isomorphisme $\alpha : \mathbb{C}_p \xrightarrow{\sim} \mathbb{C}$,

a) $r_p(\chi\omega) = r(\chi^{\alpha}) = \sum_{v \in S} \dim V^{G_w} = \sum_{v \in S - S_\infty} \dim V^{G_w}$

b) $A_p(f,\chi)^{\alpha} = A(f^{\alpha},\chi^{\alpha})$.

Rappelons que, par définition, (cf. I.5.1)

$$A(f^{\alpha},\chi^{\alpha}) = \frac{\det(1 \otimes (\lambda \circ f^{\alpha}), (V^{\alpha} \otimes \mathbb{C}X)^G)}{c(\chi^{\alpha})}$$

REMARQUES 3.2. La formule I.3.4 implique que les trois dernières expressions de a) sont effectivement égales, puisque χ est totalement impair. On voit pour la même raison que, dans ce qui précède, X pourrait être remplacé par $X^- = \{x \in X : x^{\tau} = -x$ pour toute conjugaison τ de $G\}$.

3.3 On a vu (III §1) que la conjecture I.5.1 était vraie pour χ^{α}. On en déduit que la véracité de a) et b) ne dépend pas du choix de α .

3.4 De même que la conjecture I.5.1, cette conjecture ne dépend pas du choix de S . Soit en effet w un prolongement à K d'une place v de k non dans S . On a

$$L_{p,S\cup\{v\}}(s,\chi\omega) = L_{p,S}(s,\chi\omega)\ \det(1 - \frac{\sigma_w}{\langle Nv\rangle^s}, V^{I_w})$$
$$\sim L_{p,S}(s,\chi\omega).(s\ \log_p Nv)^{\dim V^{G_w}}.\det(1-\sigma_w, V^{I_w}/V^{G_w})$$

au voisinage de $s=0$ (le symbole $\langle\ \rangle$ a été défini en 2.1). On a donc $r_{p,S\cup\{v\}} = r_{p,S} + \dim V^{G_w}$ et la démonstration se termine comme en I.7.3.

3.5 Une conséquence de cette conjecture est que

$$\lambda_p : \mathbb{Q}_p\, U^- \longrightarrow \mathbb{Q}_p\, X^-$$

est injective, donc bijective. En effet, si f est choisi de telle sorte que $f : \mathbb{Q}X \longrightarrow \mathbb{Q}U$ soit bijective, on a $A(f,\chi^\alpha) \neq 0$. Donc, si la conjecture est vraie, $1\otimes\lambda_p$ est injectif sur $(V\otimes\mathbb{C}_pU)^G$. Si λ_p n'était pas injective sur $\mathbb{Q}_pU^-$, il suffirait de prendre pour V le noyau de λ_p sur $\mathbb{Q}_pU^-$, qui est bien une représentation totalement impaire, pour arriver à une contradiction. Notons encore que, grâce à la proposition 1.6, cette injectivité peut être démontrée dès que les composantes de $\mathbb{C}_pU^-$ sont de multiplicité 1 , car alors elles contiennent un vecteur non nul de $\bar{\mathbb{Q}}U^-$, que λ_p n'annule pas. Signalons enfin que l'injectivité de λ_p sur $\mathbb{C}_pU^-$ équivaut à la finitude du noyau de l'application

$$H^2(\Gamma,U_\infty^-) \longrightarrow H^2(\Gamma,K_\infty^*)$$

où Γ est le groupe de Galois de la $\mathbb{Z}_p$-extension cyclotomique K_∞ de K , et U_∞ le groupe des S-unités de K_∞ (voir [G-F] lemme 4.6).

3.6 On peut montrer que la conjecture est vraie pour tout choix de f dès qu'elle l'est pour un f_o injectif sur $\mathbb{C}_pX^-$. On peut donc poser

$$g : \mathbb{Q}U^- \longrightarrow \mathbb{Q}X^-$$
$$x \longmapsto -\sum_{w\in S_K - S_{K,\infty}} [G_w:I_w].w(x).w$$

et écrire la partie b) de la conjecture sous la forme

3.7 $$c_p(\chi\omega) = \det(1\otimes\lambda_p\circ g^{-1},(V\otimes \mathbb{C}_p X^-)^G) \times$$
$$[L_{S_\infty}(0,\chi^\alpha) \prod_{v\in S-S_\infty} \det(1-\sigma_w, V^{I_w}/V^{G_w})]^{\alpha^{-1}} .$$

En effet, on a vu que $L_{S_\infty}(0,\chi^\alpha) \neq 0$. D'autre part, on a un diagramme commutatif

$$\begin{array}{ccc} \mathbb{Q}U^- & \xrightarrow{g} & \mathbb{Q}X^- \\ & \searrow^{\lambda} & \downarrow \\ & & \mathbb{R}X^- \end{array}$$

où la flèche verticale est définie sur $X^- = Y^- = \coprod_{v\in S-S_\infty} Y_v^-$ par la multiplication par $\log Nv$ sur la composante Y_v^- .

§4. LA CONJECTURE PLUS FINE p-ADIQUE

Dans ce paragraphe K/k est une extension abélienne, k est totalement réel, et K totalement complexe. L'ensemble S vérifie les mêmes hypothèses qu'au §3, mais on suppose en plus que l'un des diviseurs de p dans k , noté $\mathfrak{p}$, se décompose totalement dans K , et que S contient les places ramifiées dans K . Rappelons que, sous ces hypothèses, la conjecture $St(K/k,S)$ affirme l'existence d'un ε dans U^- tel que

$$\begin{cases} (\varepsilon) = \mathfrak{P}^{e\theta_T(0)} \\ K(\sqrt[e]{\varepsilon})/k \text{ abélienne} \end{cases}$$

où $T = S-\{\mathfrak{p}\}$, les notations sont celles du chapitre IV. On a vu que si un tel ε existait, il serait unique à une racine de l'unité dans K près. La conjecture suivante <u>suppose l'existence de</u> ε .

4.1 CONJECTURE (Gross). <u>Sous les hypothèses précédentes, pour tout caractère</u> $\chi : G \longrightarrow \mathbb{C}_p^*$, <u>on a</u>

$$L'_{p,S}(0,\chi\omega) = -\frac{1}{e}\sum_{\sigma\in G}\chi(\sigma)\log_p|\varepsilon^\sigma|_{\mathfrak{P},p}$$

<u>ou encore, pour tout</u> σ <u>dans</u> G ,

$$\log_p|\varepsilon^\sigma|_{\mathfrak{P},p} = -e\,\zeta'_{p,S}(0,\sigma)$$

<u>en définissant</u> $\zeta_{p,S}(s,\sigma)$ <u>par</u>

$$\zeta_{p,S}(s,\sigma) = \frac{1}{\text{Card } G}\sum_{\chi\in\hat{G}}\chi(\sigma^{-1})L_{p,S}(s,\chi\omega) .$$

REMARQUES 4.2. A l'aide de sommes de Gauss comme dans le cas complexe, et d'une formule analytique de Ferrero et Greenberg [FeG], Gross démontre la conjecture 4.1 quand $k=\mathbb{Q}$. (Dans ce cas on a vu que la conjecture $St(K/k,S)$ était vraie).

4.3 Dans le cas où $[K:k]=2$, on a vu que $St(K/k,S)$ était vraie. On avait trouvé une expression de ε sous la forme

$$\varepsilon = \eta^{r.2^{\text{Card}S-3}}$$

avec les notations de IV.5.4. Ici $e^-=e$, $e^+=1$, puisque K est un corps de type CM , et la conjecture de Gross s'écrit pour χ non trivial

$$L'_{p,S}(0,\chi\omega) = \pm\frac{2^{\text{Card}S-2}.r}{e}.\log_p|\eta|_{\mathfrak{P},p} .$$

Remarquons que si $p=2$, une telle expression indique que $L'_{p,S}(0,\chi\omega)$ est divisible par une grande puissance de 2. D'autre part, si $p|e$ ($4|e$ pour $p=2$), on voit facilement que $\omega=\chi$ et $\chi\omega=1$, et la fonction L_p considérée est la fonction ζ p-adique du corps totalement réel k .

4.4 Supposons que le degré absolu de $\mathfrak{p}$ soit 1 , c'est-à-dire que $K_{\mathfrak{P}} = k_{\mathfrak{p}} = \mathbb{Q}_p$. Le nombre e de racines de l'unité dans K divise le nombre n ($=2$ si $p=2$, $p-1$ si $p\neq 2$) de racines de l'unité dans $\mathbb{Q}_p$. Posons $n=e.m$ (si $p=2$ ou 3 , $m=1$). En supposant vraie la conjecture 4.1 il y a un "choix canonique" d'un générateur de (ε^m) comme en IV.3.7 :

4.5 PROPOSITION. <u>Sous les hypothèses et avec les notations ci-dessus, si la conjecture</u> 4.1 <u>est vraie</u>,

a) <u>L'idéal</u> $\mathfrak{P}^{n\theta_T(0)} = (\mathfrak{P}^{e\theta_T(0)})^m$ <u>a un générateur unique</u> α <u>dans</u> $p^{\mathbb{Z}}.(1+2p\mathbb{Z}_p) \cap K^-$.

b) <u>Pour tout</u> σ <u>dans</u> G <u>le conjugué</u> α^σ <u>est donné par la formule</u> :

$$\alpha^\sigma = p^{n\zeta_T(0,\sigma)}.\exp_p(-n\zeta'_{p,S}(0,\sigma)) .$$

Notons que $p^{n\zeta_T(0,\sigma)} = \exp(-n\zeta'_S(0,\sigma))$ où exp désigne l'exponentielle complexe !

DÉMONSTRATION. On a $\varepsilon \in \mathbb{Q}_p^* = p^{\mathbb{Z}}.\mu(\mathbb{Q}_p).(1+2p\mathbb{Z}_p)$, d'où

$$\varepsilon^m \in p^{\mathbb{Z}}.\mu(K).(1+2p\mathbb{Z}_p) .$$

Le générateur α, étant dans K^-, doit différer de ε^m par une racine de l'unité dans K. Celle-ci existe et est unique d'après ce qui précède, d'où le a). L'égalité b) est évidemment vraie à une racine de l'unité près : Il s'agit donc de prouver que, pour tout $\sigma \in G$, $\alpha^\sigma \in p^{\mathbb{Z}}.(1+2p\mathbb{Z}_p) = (\mathbb{Q}_p^*)^n$. Or l'extension $K(\varepsilon^{1/e})/k$ est abélienne. On a donc, avec des notations analogues à celles de IV.1.2, $\varepsilon^{\sigma-a_\sigma} \in (K^*)^e$ pour tout σ dans G. On en déduit

$$\alpha^{\sigma-a_\sigma} = (\varepsilon^m.\zeta)^{\sigma-a_\sigma} = (\varepsilon^{\sigma-a_\sigma})^m \in K^{*n} \subset \mathbb{Q}_p^{*n}$$

d'où la proposition.

§5. ÉTUDE EN s = 1

Soit maintenant K/k une extension galoisienne de corps de nombres de groupe G, et supposons que K est totalement réel. Pour tout caractère χ de G dans $\mathbb{C}_p$, la fonction $L_S(s,\chi)$ est non triviale (à nouveau, on suppose seulement $S \supset S_\infty \cup S_p$). Définissons

$$c_{1,p}(\chi) = \lim_{s\to 1} (s-1)^{\dim V^G} . L_{p,S}(s,\chi) \prod_{v\in S\setminus S_\infty} \det(1 - \frac{\sigma_w}{Nv}, V^{I_w})$$

où V est une réalisation de χ. La multiplicité de $L(s,\chi^\alpha)$ en $s=1$ étant $-\dim V^G$, pour tout isomorphisme $\alpha : \mathbb{C}_p \xrightarrow{\sim} \mathbb{C}$, <u>on conjecture que</u> $c_{1,p}$ <u>est un élément non nul de</u> $\mathbb{C}_p$.

Reprenons maintenant les notations de I, §8 : Soient $K_o = \{x \in K : Tr_{K/\mathbb{Q}} x = 0\}$, et g un isomorphisme quelconque $g : K_o \simeq \mathbb{Q} \log U$, qui induit un G-homomorphisme

$$g_p : \mathbb{C}_p K_o \longrightarrow \mathbb{C}_p \log U$$

dont on ne sait pas s'il est injectif (conjecture de Leopoldt). D'autre part on a, toujours avec les notations de I, §8 :

$$\mu_p : \mathbb{C}_p \log U \longrightarrow \mathbb{C}_p K_o .$$

Posons donc

$$A_{1,p}(\chi,g) = \frac{\det(\mu_p \circ g_p , \mathrm{Hom}_G(V,\mathbb{C}_p K_o))}{c_{1,p}(\chi)} .$$

La conjecture suivante est énoncée dans [Ser] .

5.1 CONJECTURE (Serre). <u>Pour tout isomorphisme</u> $\alpha : \mathbb{C}_p \xrightarrow{\sim} \mathbb{C}$, <u>on a</u>

$$A_{1,p}(\chi,g)^\alpha = A_1(\chi^\alpha,g) .$$

Rappelons que, par définition (cf. I.8.2)

$$A_1(\chi^\alpha,g) = \frac{\det(\mu\circ g , \mathrm{Hom}_G(V^\alpha,\mathbb{C}_p K_o))}{c_1(\chi^\alpha)} .$$

5.2 THÉORÈME (Serre). <u>Si l'égalité de</u> 5.1 <u>a lieu pour un</u> α <u>et si la conjecture</u> I.5.1 <u>est vraie pour</u> χ^α, <u>alors la conjecture</u> 5.1 <u>est vraie pour</u> χ.

DÉMONSTRATION. Si $\beta : \mathbb{C}_p \xrightarrow{\sim} \mathbb{C}$ est un autre isomorphisme, on a $\beta = \gamma\alpha$, avec $\gamma \in \mathrm{Aut}\,\mathbb{C}$. On aura donc, d'après I.8.4

$$A_{1,p}(\chi,g)^{\beta} = (A_{1,p}(\chi,g)^{\alpha})^{\gamma} = A_1(\chi^{\alpha},g)^{\gamma} = A_1((\chi^{\alpha})^{\gamma},g) = A_1(\chi^{\beta},g).$$

REMARQUE. Dans le cas où $\chi = 1$ la conjecture 5.1 se réduit à l'énoncé suivant : La fonction ζ p-adique d'un corps totalement réel, k , a, au point $s = 1$, un pôle simple, et son résidu en ce point vaut

$$\rho_{p,S} = \frac{2^{[k:\mathbb{Q}]-1}.h.R_p}{\sqrt{d_k}} \prod_{p \in S-S_\infty} (1 - Np^{-1})$$

où R_p est le régulateur p-adique de Leopoldt. _Pour_ k _abélienne sur_ $\mathbb{Q}$ cet énoncé est vrai. Si on admet que "un pôle simple à résidu 0" veut dire "holomorphe", il est dû à Leopoldt ([Leo], §3) ; et Brumer a montré que $R_p \neq 0$ dans ce cas : [Bru]. _Voir_ [Ser], 3.14 pour une discussion de l'énoncé dans le cas général.

BIBLIOGRAPHIE

[AAG] Arithmetical Algebraic Geometry. Proc. of a Conference held at Purdue University, Déc. 1963, ed. by O.F.G. Schilling, Harper and Row, New York 1965.

[ArE] E. ARTIN. Über Einheiten relativ galoisscher Zahlkörper, J. reine angew. Math. 167 (1932), p. 153-156.

[ArL] E. ARTIN. Über eine neue Art von L-Reihen, Hamb. Abh. 3 (1923), p. 89-108.

[ArL'] E. ARTIN. Zur Theorie der L-Reihen mit allgemeinen Gruppen-charakteren, Hamb. Abh 8 (1930), p. 292-306.

[Bie] M. BIENENFELD. Cornell Ph. D. Thesis 1980.

[Bru] A. BRUMER. On the units of algebraic number fields, Mathematika 14 (1967), p. 121-124.

[CF] J.W.S. CASSELS et A. FRÖHLICH. Algebraic number theory. Academic Press. New-York 1967.

[CH] P. CARTIER. Fonctions L d'Artin : Théorie locale. Cours rédigé par G. Henniart, IHES 1980.

[Chb] T. CHINBURG. On a consequence of some conjectures on L-series. Preprint 1980.

[ChT] T. CHINBURG. Stark's conjecture. Ph. D. Thesis Harvard 1980.

[ChS] T. CHINBURG. Stark's conjecture for L-functions with first order zeroes at $s=0$. Advances in Math. 48 (1983), 82-113.

[ChU] T. CHINBURG. On the Galois structure of algebraic integers and S-units, à paraître, Inventiones Math.

[ChV] T. CHINBURG. Galois module structure, à paraître, J. London Math. Soc.

[CN] Pierrette CASSOU-NOGUES. Valeurs aux entiers négatifs des fonctions zêta et fonctions zêta p-adiques. Inv. Math., 51 (1979), p. 29-59.

[CoD] J. COATES. p-adic L functions and Iwasawa Theory, in Algebraic Number Fields (A. Fröhlich, ed.), Academic Press, New York 1977.

[CoL] J. COATES et S. LICHTENBAUM. On ℓ-adic zeta functions. Ann. of Math. 98 (1973), p. 498-550.

[CR] C.W. CURTIS et J. REINER. Representation theory of finite groups and associative algebras. Interscience New York 1962.

[DeC] P. DELIGNE. Les constantes des équations fonctionnelles des fonctions L, in Modular forms of one variable II. Springer Lecture Notes n° 359 (1972), p.501-597.

[Ded] R. DEDEKIND. Über die Theorie der algebraischen Zahlen : Supplement XI von Dirichlets Vorlesungen über Zahlentheorie, 4. Aufl., in Gesammelte mathematische Werke, éd. : R. Fricke, E. Noether, Ö. Ore ; Braunschweig, 1932.

[DeH] P. DELIGNE. Théorie de Hodge, III. Publ. Math. IHES 44 (1974), 5-77.

[DeP] P. DELIGNE. Valeurs de fonctions L et périodes d'intégrales. Proc. Symp. in Pure Math. 33 (1979), part 2, p. 316-346.

[Dir] G. LEJEUNE-DIRICHLET. Werke, tome 1 ; Berlin 1889/ Chelsea, New York, 1969.

[D-R] P. DELIGNE et K. RIBET. Values of Abelian L-functions at negative integers over totally real fields. Inv. Math. 59 (1980), p. 227-286.

[DS] P. DELIGNE et J.-P. SERRE. Formes modulaires de poids 1. Ann. Sci. E.N.S., 4e sér., t7 (1974), p. 507-530.

[Frö] A. FRÖHLICH. Galois Module Structure, in Algebraic Number fields ed A. Fröhlich Academic Press New York 1977.

[GR1] S. GALOVITCH et M. ROSEN. The class number of cyclotomic function fields. J. Number Theory 13 (1981), 363-375.

[GR2] S. GALOVITCH et M. ROSEN. Units and class groups in cyclotomic function fields. J. Number Theory 14 (1982), 156-184.

[Gra] G. GRAS. Classes d'idéaux des corps abéliens et nombres de Bernoulli généralisés, Ann. Inst. Fourier 27 (1977) p. 1-66.

[Gre] R. GREENBERG. On p-adic L functions and cyclotomic fields II, Nagoya Math. J. 67 (1977) p. 139-158.

[Gro] B.H. GROSS. p-adic L-series at $s=0$. J. Fac. Sci. Univ. Tokyo 28 (1981), 979-994.

[G-F] B.H. GROSS et L.J. FEDERER. Regulators and Iwasawa modules. Inv. Math. 62 (1981) p. 443-458.

[GrB] A. GROTHENDIECK. Formule de Lefschetz et rationalité des fonctions L . Sém. Bourbaki, 17e année (1964-65), n° 279.

[H1] D. HAYES. Explicit class field theory in global function fields ; in : Studies in Algebra and Number Theory (G.-C. Rota, ed.). Academic Press, New York, 1979.

[H2] D. HAYES. Analytic class number formulas in global function fields. Inventiones Math. 65 (1981), 49-69.

[H3] D. HAYES. Elliptic units in function fields ; in : Number Theory Related to Fermat's Last Theorem (N. Koblitz, ed.). Progr. in Math. (Birkhäuser) 26 (1982), 321-340.

[HeI] J. HERBRAND. Nouvelle démonstration et généralisation d'un théorème de Minkowski. C. R. Acad. Sc. Paris, 191 (1930), 1282-1285.

[HeII] J. HERBRAND. Sur les unités d'un corps algébrique. C. R. Acad. Sc. Paris, 192 (1931), 24-27.

[K-L] D.S. KUBERT et S. LANG. Modular Units. Grundlehren (Springer) 244, 1981.

[LAN] S. LANG. Algebraic number theory. Addison Wesley 1970.

[Leo] H.-W. LEOPOLDT. Zur Arithmetik in abelschen Zahlkörpern. J. reine angew. Math. 209 (1962), 54-71.

[Lic] S. LICHTENBAUM. Values of zeta and L-functions at zero. Astérisque 24-25 (1975), p. 133-138.

[MaD] J. MARTINET. Character theory and Artin L-functions, in Algebraic number fields ed A. Fröhlich. Academic Press New York 1977.

[Mil] J.S. MILNE. Etale cohomology. Princeton Univ. Press. Princeton 1980.

[Min] H. MINKOWSKI. Zur Theorie der Einheiten in den algebraischen Zahlkörpern. Werke, Band I, p. 316-319.

[Neu] J. NEUKIRCH. Klassenkörpertheorie. Bibliographisches Institut, Mannheim 1969.

[Ono] T. ONO. On the Tamagawa Number of Algebraic Tori. Ann. of Math. 78 (1963), p. 47-73.

[Ram] K. RAMACHANDRA. Some applications of Kronecker's limit formula. Ann. of Math. 80 (1964) p. 104-148.

[Rob] G. ROBERT. Unités elliptiques. Bull. Soc. Math. France, Mémoire n° 36 (1973) 77 p.

[S1] J.W. SANDS. The conjecture of Gross and Stark for special values of abelian L-series over totally real fields. Ph. D. thesis, UCSD, San Diego (1982).

[S2] J.W. SANDS. Galois groups of exponent two and the Brumer-Stark conjecture, à paraître.

[S3] J.W. SANDS. Abelian fields and the Brumer-Stark conjecture, à paraître, Compos. Math.

[SCL] J.-P. SERRE. Corps locaux. Hermann, Paris 1962.

[Ser] J.-P. SERRE. Sur le résidu de la fonction zêta p-adique d'un corps de nombres. C. R. Acad. Sci. Paris 287 (1978), p. 183-188.

[Shi] T. SHINTANI. On evaluation of zeta functions of totally real algebraic number fields at non positive integers. J. Fac. Sci. Univ. Tokyo 23 (1976), p. 393-417.

[Sie] C.L. SIEGEL. Lectures on advanced analytic number theory. Tata Institute, Bombay, 1961.

[SiZ] C.L. SIEGEL. Über die Fourierschen Koeffizienten von Modulformen. Nachr. Akad. Wiss. Göttingen, 1970 Nr.3, 15-56 (= Ges.Abh. IV, Nr. 90).

[SRG] J.-P. SERRE. Représentations linéaires des groupes finis. Hermann, Paris 1967.

[StI] H.M. STARK. Values of L-Functions at s = 1.I. L-functions for Quadratic Forms. Advances in Math. 7 (1971), p. 301-343.

[StII] H.M. STARK. L-Functions at s = 1.II. Artin L-Functions with Rational Characters. Advances in Math. 17 (1975), p. 60-92.

[StIII] H.M. STARK. L-Functions at s = 1. III. Totally Real Fields and Hilbert's Twelfth Problem. Advances in Math. 22 (1976), p. 64-84.

[StIV] H.M. STARK. L-Functions at s = 1. IV. First Derivatives at s = 0 . Advances in Math. 35 (1980), p. 197-235.

[StB] H.M. STARK. Class Fields and modular forms of weight one, in Modular Functions of one variable V, Bonn 1976, Springer Lecture Notes n° 601 (1977). p. 277-288.

[StH] H.M. STARK. Hilbert's twelfth problem and L-series. Bull. AMS, 83 (1977) p. 1072-1074.

[SwL] R. SWAN. K-theory of finite groups and Orders. Springer Lecture Notes n° 149 (1970).

[SwP] R. SWAN. Induced representations and projective modules. Ann. of Math. 71 (1960), p. 552-578.

[TN] J. TATE. The cohomology groups of Tori in finite Galois extensions of number fields. Nagoya Math. J. 27 (1966), p. 709-719.

[Ull] S.V. ULLAM. A survey of class groups of integral group rings, in Algebraic number fields, ed A. Fröhlich Academic Press 1977.

[WBN] A. WEIL. Basic Number Theory 3ed. Springer Verlag 1974.

[WCA] A. WEIL. Courbes algébriques et variétés abéliennes. Hermann, Paris, 1971.

[WhW] E.T. WHITAKER and G.N. WATSON. A course of Modern Analysis. Cambridge U. Press, Fourth Edition reprinted, Cambridge, 1963.

[WJS] A. WEIL. Sommes de Jacobi et caractères de Hecke. Nachr. Akad. Wiss. Göttingen (1974) [= Oeuvres Scientifiques III, 329-342].

J. Tate
Dept. of Mathematics
Harvard University
Science Center
CAMBRIDGE MA 02138

D. Bernardi
Université de Paris VI
Mathématiques
4, Place Jussieu
75230 PARIS CEDEX 05

N. Schappacher
Mathematisches Institut der
Universität
Bunsenstr. 3-5
D-3400 GÖTTINGEN

Progress in Mathematics

Edited by J. Coates and S. Helgason

Progress in Physics

Edited by A. Jaffe and D. Ruelle

- A collection of research-oriented monographs, reports, notes arising from lectures or seminars
- Quickly published concurrent with research
- Easily accessible through international distribution facilities
- Reasonably priced
- Reporting research developments combining original results with an expository treatment of the particular subject area
- A contribution to the international scientific community: for colleagues and for graduate students who are seeking current information and directions in their graduate and post-graduate work.

Manuscripts

Manuscripts should be no less than 100 and preferably no more than 500 pages in length.

They are reproduced by a photographic process and therefore must be typed with extreme care. Symbols not on the typewriter should be inserted by hand in indelible black ink. Corrections to the typescript should be made by pasting in the new text or painting out errors with white correction fluid.

The typescript is reduced slightly (75%) in size during reproduction; best results will not be obtained unless the text on any one page is kept within the overall limit of 6x9½ in (16x24 cm). On request, the publisher will supply special paper with the typing area outlined.

Manuscripts should be sent to the editors or directly to:
Birkhäuser Boston, Inc., P.O. Box 2007, Cambridge, Massachusetts 02139

PROGRESS IN MATHEMATICS
Already published

PM 1 Quadratic Forms in Infinite-Dimensional Vector Spaces
Herbert Gross
ISBN 3-7643-1111-8, 432 pages, paperback

PM 2 Singularités des systèmes différentiels de Gauss-Manin
Frédéric Pham
ISBN 3-7643-3002-3, 346 pages, paperback

PM 3 Vector Bundles on Complex Projective Spaces
C. Okonek, M. Schneider, H. Spindler
ISBN 3-7643-3000-7, 396 pages, paperback

PM 4 Complex Approximation, Proceedings, Quebec, Canada, July 3-8, 1978
Edited by Bernard Aupetit
ISBN 3-7643-3004-X, 128 pages, paperback

PM 5 The Radon Transform
Sigurdur Helgason
ISBN 3-7643-3006-6, 207 pages, hardcover

PM 6 The Weil Representation, Maslov Index and Theta Series
Gérard Lion, Michèle Vergne
ISBN 3-7643-3007-4, 348 pages, paperback

PM 7 Vector Bundles and Differential Equations
Proceedings, Nice, France, June 12-17, 1979
Edited by André Hirschowitz
ISBN 3-7643-3022-8, 256 pages, paperback

PM 8 Dynamical Systems, C.I.M.E. Lectures, Bressanone, Italy, June 1978
John Guckenheimer, Jürgen Moser, Sheldon E. Newhouse
ISBN 3-7643-3024-4, 305 pages, hardcover

PM 9 Linear Algebraic Groups
T. A. Springer
ISBN 3-7643-3029-5, 314 pages, hardcover

PM 10 Ergodic Theory and Dynamical Systems I
A. Katok
ISBN 3-7643-3036-8, 346 pages, hardcover

PM 11 18th Scandinavian Congress of Mathematicians, Aarhus, Denmark, 1980
Edited by Erik Balslev
ISBN 3-7643-3040-6, 526 pages, hardcover

PM 12 Séminaire de Théorie des Nombres, Paris 1979-80
Edited by Marie-José Bertin
ISBN 3-7643-3035-X, 404 pages, hardcover

PM 13 Topics in Harmonic Analysis on Homogeneous Spaces
Sigurdur Helgason
ISBN 3-7643-3051-1, 152 pages, hardcover

PM 14 Manifolds and Lie Groups, Papers in Honor of Yozô Matsushima
Edited by J. Hano, A. Marimoto, S. Murakami, K. Okamoto, and H. Ozeki
ISBN 3-7643-3053-8, 476 pages, hardcover

PM 15 Representations of Real Reductive Lie Groups
David A. Vogan, Jr.
ISBN 3-7643-3037-6, 776 pages, hardcover

PM 16 Rational Homotopy Theory and Differential Forms
Phillip A. Griffiths, John W. Morgan
ISBN 3-7643-3041-4, 258 pages, hardcover

PM 17 Triangular Products of Group Representations and their Applications
S. M. Vovsi
ISBN 3-7643-3062-7, 142 pages, hardcover

PM 18 Géométrie Analytique Rigide et Applications
Jean Fresnel, Marius van der Put
ISBN 3-7643-3069-4, 232 pages, hardcover

PM 19 Periods of Hilbert Modular Surfaces
Takayuki Oda
ISBN 3-7643-3084-8, 144 pages, hardcover

PM 20 Arithmetic on Modular Curves
Glenn Stevens
ISBN 3-7643-3088-0, 236 pagers, hardcover

PM 21 Ergodic Theory and Dynamical Systems II
A. Katok, editor
ISBN 3-7643-3096-1, 226 pages, hardcover

PM 22 Séminaire de Théorie des Nombres, Paris 1980-81
Marie-José Bertin, editor
ISBN 3-7643-3066-X, 374 pages, hardcover

PM 23 Adeles and Algebraic Groups
A. Weil
ISBN 3-7643-3092-9, 138 pages, hardcover

PM 24 Enumerative Geometry and Classical Algebraic Geometry
Patrick Le Barz, Yves Hervier, editors
ISBN 3-7643-3106-2, 260 pages, hardcover

PM 25 Exterior Differential Systems and the Calculus of Variations
Phillip A. Griffiths
ISBN 3-7643-3103-8, 349 pages, hardcover

PM 26 Number Theory Related to Fermat's Last Theorem
Neal Koblitz, editor
ISBN 3-7643-3104-6, 376 pages, hardcover

PM 27 Differential Geometric Control Theory
Roger W. Brockett, Richard S. Millman, Hector J. Sussmann, editors
ISBN 3-7643-3091-0, 349 pages, hardcover

PM 28 Tata Lectures on Theta I
David Mumford
ISBN 3-7643-3109-7, 254 pages, hardcover

PM 29 Birational Geometry of Degenerations
Robert Friedman and David R. Morrison, editors
ISBN 3-7643-3111-9, 410 pages, hardcover

PM 30 CR Submanifolds of Kaehlerian and Sasakian Manifolds
Kentaro Yano, Masahiro Kon
ISBN 3-7643-3119-4, 223 pages, hardcover

PM 31 Approximations Diophantiennes et Nombres Transcendants
D. Bertrand and M. Waldschmidt, editors
ISBN 3-7643-3120-8, 349 pages, hardcover

PM 32 Differential Geometry
Robert Brooks, Alfred Gray, Bruce L. Reinhart, editors
ISBN 3-7643-3134-8, 267 pages, hardcover

PM 33 Uniqueness and Non-Uniqueness in the Cauchy Problem
Claude Zuily
ISBN 3-7643-3121-6, 185 pages, hardcover

PM 34 Systems of Microdifferential Equations
Masaki Kashiwara
ISBN 0-8176-3138-0
ISBN 3-7643-3138-0, 182 pages, hardcover

PM 35 Arithmetic and Geometry Papers Dedicated to I. R. Shafarevich on the Occasion of His Sixtieth Birthday Volume I Arithmetic
Michael Artin, John Tate, editors
ISBN 3-7643-3132-1, 373 pages, hardcover

PM 36 Arithmetic and Geometry Papers Dedicated to I. R. Shafarevich on the Occasion of His Sixtieth Birthday Volume II Geometry
Michael Artin, John Tate, editors
ISBN 3-7643-3133-X, 495 pages, hardcover

PM 37 Mathématique et Physique
Louis Boutet de Monvel, Adrien Douady, Jean-Louis Verdier, editors
ISBN 0-8176-3154-2
ISBN 3-7643-3154-2, 454 pages, hardcover

PM 38 Séminaire de Théorie des Nombres, Paris 1981-82
Marie-José Bertin, editor
ISBN 0-8176-3155-0
ISBN 3-7643-3155-0, 359 pages, hardcover

PM 39 Classical Algebraic and Analytic Manifolds
Kenji Ueno, editor
ISBN 0-8176-3137-2
ISBN 3-7643-3137-2, 644 pages, hardcover

PM 40 Representation Theory of Reductive Groups
P. C. Trombi, editor
ISBN 0-8176-3135-6
ISBN 3-7643-3135-6, 308 pages, hardcover

PM 41 Combinatorics and Commutative Algebra
Richard P. Stanley
ISBN 0-8176-3112-7
ISBN 3-7643-3112-7, 102 pages, hardcover

PM 42 Théorèmes de Bertini et Applications
Jean-Pierre Jouanolou
ISBN 0-8176-3164-X
ISBN 3-7643-3164-X, 140 pages, hardcover

PM 43 Tata Lectures on Theta II
David Mumford
ISBN 0-8176-3110-0
ISBN 3-7643-3110-0, 272 pages, hardcover

PM 44 Infinite Dimensional Lie Algebras
Victor G. Kac
ISBN 0-8176-3118-6
ISBN 3-7643-3118-6, 245 pages, hardcover

PM45 Large Deviations and the Malliavin Calculus
Jean-Michel Bismut
ISBN 0-8176-3220-4
ISBN 3-7643-3220-4, 230 pages, hardcover

PM46 Automorphic Forms of Several Variables
Taniguchi Symposium, Katata, 1983
I. Satake and Y. Morita, editors
ISBN 0-8176-3172-0
ISBN 3-7643-3172-0, 399 pages, hardcover

9 780817 631888